# Splunk を使ってみよう

サーチ処理言語 (SPL：SEARCH PROCESSING
LANGUAGE) 入門書/説明書

Splunk Chief Mind、David Carasso

CITO
Research
New York, NY

# Splunk を使ってみよう、David Carasso

Published by CITO Research, 1375 Broadway, Fl3, New York, NY 10018.

編集者/アナリスト：Dan Woods、Deb Cameron
コピーエディター：Deb Cameron
プロダクションエディター：Deb Gabriel
表紙：Splunk, Inc.
グラフィック：Deb Gabriel

初版：2012 年 4 月

ISBN：978-0-9825506-8-7; 0-9825506-8-5

## 免責条項

# 目次

## 付録 E：Splunk クイックリファレンスガイド

# 序文

Splunk Enterprise ソフトウェア (Splunk) は、データのサーチと調査を行うためのとても強力なツールです。私たちは、Splunk の概要と Splunk を使って何ができるのかを紹介するために本書を執筆しました。また本書は、Splunk を使ってさまざまな工夫をを行うための入門書としての役割も果たしています。

Splunk は、主にシステム管理者、ネットワーク管理者、セキュリティ担当者などの方々が使用していますが、その他の方々でも手軽にご利用いただけます。企業データにはビジネス的に貴重な価値があるさまざまな情報が隠されていますが、Splunk がそれを解き放ちます。本書は一般的な O'Reilly Books の読者である技術者の方だけでなく、マーケティングアナリスト、およびビッグデータやオペレーショナルインテリジェンスに興味を持っている方々も対象にしています。

## 本書について

本書は、Splunk の概要とその活用方法を手軽に理解できるようにすることを目的にしています。そのために、Splunk のサーチ処理言語 (SPL™) の主要部を中心に説明していきます。Splunk は、技術者やビジネス関係者の方々を、多彩な方法で支援することができます。Splunk のすべてを一度に理解できるとは思わないでください。Splunk は、アーミーナイフのように単純だけれども様々な用途で活用できるツールです。

さて、では本書はどのように役立つのでしょうか?簡単に言えば、Splunk を使って何ができるか、そしてさらに詳細を学習したい場合に、何を参照すれば良いのかを手軽に把握することができます。

さらに、以下の通り、さまざまな Splunk 関連ドキュメントが公開されています。

* http://docs.splunk.com をご覧になれば、Splunk の仕組みを詳細に説明したさまざまなマニュアルが公開されていることが分かります。

* http://splunkbase.com, では、さまざまな質問と回答が記録されたデータベースを検索することができます。Splunk を理解していれば、このような情報には計り知れない価値があり、各種問題の解決に役立ちます。

本書は、これらの 2 種類のドキュメントの中間に位置付けられます。Splunk の主要機能の基本的な概念を、現実世界の問題への対処方法と結びつけながら説明しています。

# 本書の内容

第 1 章では、Splunk の概要とそれがどれだけ役に立つのかを紹介しています。

第 2 章は、Splunk のダウンロードと開始方法を説明しています。

第 3 章は、サーチのユーザーインターフェイスと、Splunk を使ったサーチについて説明しています。

第 4 章は、一般的に使われる SPL について説明しています。

第 5 章は、視覚エフェクトの利用方法とナレッジを使ったデータの強化について説明しています。

第 6 章は、一般的な監視機能とアラートの使い方について説明しています。

第 7 章は、イベントのグループ化による問題の解決方法について説明しています。

第 8 章は、一般的な問題を解決するための、ルックアップテーブルの使用方法について説明しています。

パート 1 (第 1 章～第 5 章) を速習コースとすれば、パート 2 (第 6 章～第 8 章) はそれらの知識を活用したより高度な操作による、問題の解決方法やデータの調査方法を取り上げています。このような例を参考にいろいろと試していけば、世界中 (または最低でもデータセンター内) の謎を解決できることでしょう。

本書の巻末にある付録には、いくつかの役に立つ情報が記載されています。付録 A には、ビッグデータの多様性とその可能性を理解するための、マシンデータの基本的な概要が記載されています。付録 B には、Splunk のサーチで大文字小文字が区別される場合と区別されない場合が表にまとめられています。付録 C には、Splunk で頻繁に利用されているサーチを簡単にまとめました (私たちが実際に Splunk を使って考えました)。付録 D には、Splunk の詳細を学習するために最適なその他のリソースをいくつか紹介しています。付録 E には、特別に設計された、学習にとても役立つ Splunk リファレンスカードが記載されています。

# 表記規則

本書を読み進めていくと、特定の事項に対して異なるフォントや書式が使用されていることにお気づきでしょう。

- UI は**太字**で表示されています。

- コマンドやフィールド名は固定幅フォントで表示されています。

[**X**] メニューから [**Y**] オプションを選択する必要がある場合は、「[**X**] » [**Y**] を選択します。」のように表記されています。

# 謝辞

本書は、数多くの人々の好意と手助けがなければ完成できなかったことでしょう。下書き原稿の入念なレビュー/校正および表現の改善に多大な貢献を行ってくれた、Ledion Bitincka、Gene Hartsell、Gerald Kanapathy、Vishal Patel、Alex Raitz、Stephen Sorkin、Sophy Ting、および Steve Zhang 博士、およびインタビューに多くの時間を割いていただいた Maverick Garner、いろいろとお手伝いをしていただいた Jessica Law、Tera Mendonca、Rachel Perkins、Michael Wilde、Masayuki Hyugaji、Eiji Sawa、Saki Tsuchiya、および Mayuko Uekusa の皆様に深く感謝の意を表明いたします。

# パート1:
# Splunk を使ってみよう

# 1 Splunk 物語

マシンは常に大量のデータを出力していますが、それらのデータが効率的に利用されることはほとんどありません。Splunkはこのようなマシンデータを分析するために役立つ、とても強力なプラットフォームです。マシンデータは技術的な世界ではすでに重要な情報となっていますが、ビジネスの世界においても重要な情報源となりつつあります。(マシンデータの詳細は付録Aをご覧ください。)

Splunkがどれだけ多用途に活用でき、役立つのかを理解するために、データセンターとマーケティング部門の2種類の例を見てみましょう。

## データセンターでの活用

水曜の午前2時。突然電話が鳴った。上司からの電話だ。Webサイトがダウンしたらしい。何が起きたのだろう?Webサーバー、アプリケーション、データベースサーバー、またはロードバランサーが故障したのか?それともディスクが満杯になったのだろうか?上司はすぐに直せと怒鳴っている。外は雨が降っている。頭が混乱している。

落ち着け。昨日にSplunkを導入したばかりだ。

あなたはSplunkを起動した。Splunkを利用すれば、1ヶ所からすべてのWebサーバー、データベース、ファイアウォール、ルーター、ロードバランサーのログファイル、およびその他のデバイス、OS、アプリケーションなどのデータをサーチできる。(これらが多数のデータセンターやクラウドプロバイダーにまたがって分散している場合でも可能です。)

Webサーバーのトラフィックに関するグラフを見て、いつ問題が発生したのかを確認する。午後5時3分だ、Webサーバーのエラー発生が急増している。次にエラー発生数が多い上位10件のページを確認してみる。ホームページは大丈夫なようだ。検索用ページも正常だ。どうやら、買い物かごに問題があるようだ。5時3分から、このページへのリクエストがすべてエラーになっている。これは大きな損失だ。売り上げが減るだけではなく顧客離れにもつながりかねない。早急に対処する必要がある。

買い物かごはデータベースに接続しているeコマースサーバーを利用している。ログを見るとデータベースは動作しているようだ。よし。次にeコマースサーバーのログを見てみよう。午後5時3分から、eコマースサーバーがデータベースサーバーに接続できないことを知らせるメッセージが記録されている。そこで設定ファイルに対して行われた変更をサーチして、誰かがネットワーク設定を変更していないかどうかを確認してみることにした。さらに詳しく調査すると、設定が誤っていた。変更を行った社員に電話をして設定を元に戻させたら、システムが正常に動作するようになった。

ここまでに費やした時間はわずか5分だ。Splunkはすべての関連情報をインデックスで集中管理しているため、目的の情報を素早くサーチできるのだ。

# マーケティング部門での活用

あなたは大規模な小売店のプロモーション部門に勤務している。仕事内容は検索エンジンの最適化と、トラフィックを最適化し販売を促進することだ。先週、データセンターの担当者が新たな Splunk ダッシュボードを導入した。このダッシュボードには、サイトで検索に使われた用語が表示されている (時間、日、および週単位)。

過去数時間のグラフを見ると、20 分前から検索数が急増している。会社名と最新製品名の検索数が急増している。過去 1 時間の参照回数が多い URL のレポートを確認すると、芸能人がブログでこの商品をホームページへのリンク付きで紹介している。

頻繁に参照されているページのパフォーマンスを表すグラフを確認してみる。検索ページに負荷が集中し、パフォーマンスが低下している。多数の人々がサイトを訪れているが、目的の商品がどこにあるか分からず、全員が検索機能を利用しているようだ。

そこでサイトのコンテンツ管理システムにログオンして、ホームページの中央に新製品の広告を掲載した。再び参照数が上位のページを確認する。検索トラフィックが低下し始め、逆に新製品の掲載ページと買い物かごページへのトラフィックが増加している。買い物かごに追加された製品および購入された製品の上位 10 件を見てみると、新製品が 1 位になっていることが分かる。PR 部門には、フォローアップのメモを送信した。これで狙い通り、トラフィックを最適化し、顧客にフラストレーションを与えることなく、製品の売り上げにつなげることができた。Splunk により、予期しない事態の発生時にも、それを最大限に活かすことができたのだ。ただ、次に製品の在庫を十分に確保しなければならない。これも大きな問題だ。

以上の 2 つの例では、マシンデータから何が起きているのかを詳細に把握するために、Splunk がどのように役立つのかを見てきました。また Splunk では、履歴情報から傾向や複数の情報ソースの相関関係を調査することも可能で、多彩な用途に利用することができます。

# Splunk へのアプローチ

Splunk を使って何かを調査していくにつれて、その作業が 3 種類のフェーズに分類できることに気づくことでしょう。

- まず、知りたい事柄に関する情報があるデータを識別します。

- 次に、目的の情報を得られるような形式にデータを変換します。

- 最後に、目的の情報を誰もが把握しやすい形式の、レポートや対話型グラフに表示します。

まず、どのような情報を知りたいのかを考えてみましょう。なぜシステム障害が発生したのか？なぜ最近システムの動作速度がこんなに遅いのか？なぜユーザーが Web サイトを利用できないのか？Splunk の利用方法に習熟していけば、目的の情報を得るためにどのような種類のデータにどのようなサーチを実行すれば良いのかを理解できるようになります。本書は、Splunk の利用方法を素早く理解することを目的にしています。

次に、このデータから目的の情報を得られるかどうかを判断する必要があります。通常、データの分析の開始時には、そのデータからどのような情報が得られるのかは分かりません。Splunk はデータを調査、理解するためのとても強力なツールです。よく見られるデータから、非常に稀なデータまで、さまざまな情報を発見することができます。データの統計情報を要約したり、イベントをトランザクションにグループ化したりできます (たとえば、すべてのシステムレコードから、オンラインホテル予約を構成しているすべてのイベントをグループ化するなど)。データセット全体から始めて、そこから不要なイベントを除去し、最後に残った情報を分析するワークフローを作成できます。必要に応じて、目的の情報を入手するのに必要なデータを揃えるために、外部ソースから他のデータを追加する作業を繰り返します。Splunk の基本的な分析プロセスを図 1-1 に示します。

フェーズ1　必要に応じてできる限り多くのソースからデータを収集

ソーシャルメ
ディアデータ

クレジットカ
ードデータ

フェーズ II

データを回答を得ら
れる情報に変換する

フェーズ III

| sourcetype | raw | IP アドレス | …フィールド… |
|---|---|---|---|
| syslog | … | … | … |
| syslog | … ERROR … | 12.1.1.002 | … |
| その他のソース | … | | … |
| syslog | … ERROR … | 12.1.1.140 | … |
| syslog | … WARNING … | 12.1.1.140 | … |
| syslog | … WARNING … | 12.1.1.002 | … |
| その他のソース | … | | … |
| syslog | … ERROR … | 12.1.1.43 | … |
| その他のソース | … | … | … |
| <イベント…> | … | … | … |

データをビジュアル化またはレビューして考察する

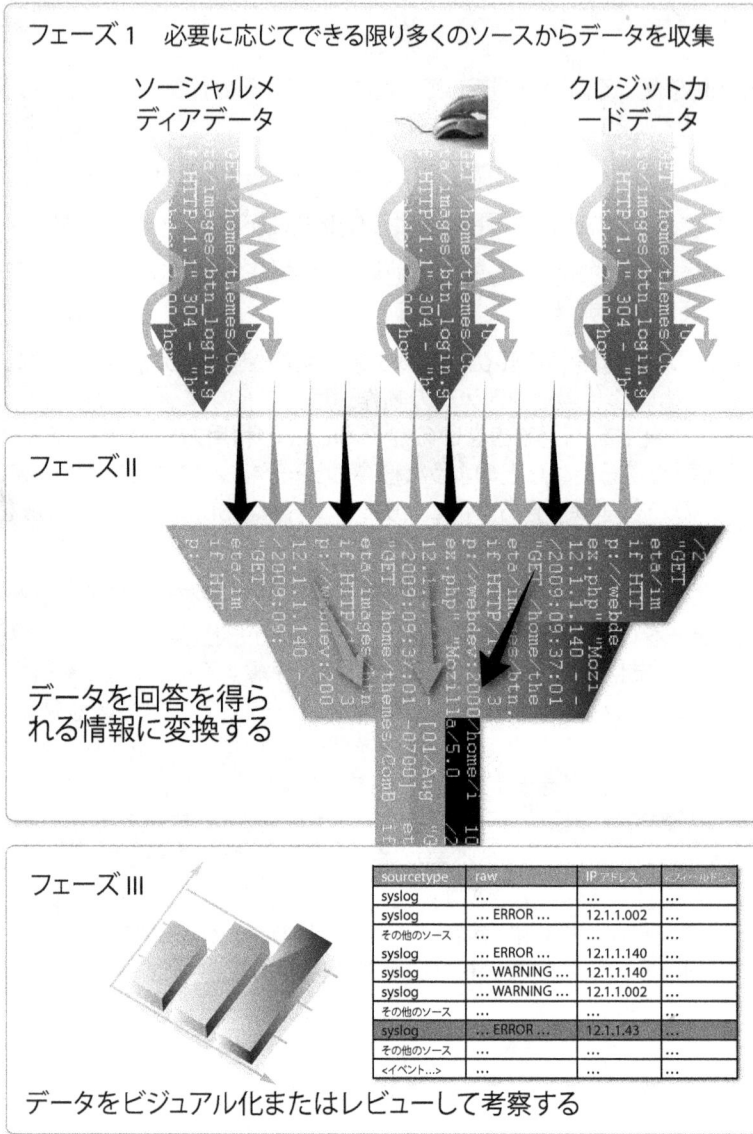

図1-1：Splunk での作業

# Splunk：会社とそのコンセプト

Splunk ユーザーが本当に感動するのは、しばしば発生する複雑で再発する問題の解決にとても役立つ機能が用意されていることです。Splunk のお話は、2002 年に共同創立者の Erik Swan と Rob Das が、次に挑戦する課題を探し求めていたことから始まります。Erik と Rob は協力していくつかの仕事をやり遂げた後、新たなベンチャー事業のアイディアを考えていました。そこで、まずさまざまな企業にその会社が抱えている問題を聞いてみることにしたのです。

Erik と Rob は見込み客に対して、「インフラに関する問題をどのように解決していますか?」と問い合わせました。Erik と Rob は何度も入念に、IT 上の問題のトラブルシューティングを行い、従来の手法でデータを収集していた担当者の経験談を聞いて回りました。データはあまりにも広範囲に散在しており、すべてをまとめてその内容を把握することは困難でした。誰もが手作業でログファイルの詳細な調査を試み、時にはその作業を容易にするためにわざわざスクリプトを作成していました。このような自家製のスクリプトは中途半端だったり、作成者が退社してそれに関する知識や経験が失われたり、新たな問題の調査の試みが責任のなすりつけあい、責任転嫁、スクリプトの再作成につながり、それに伴う IT 部門の支援負担が膨大なものになってしまっていました。これらの担当者は、インフラ上の問題を解決することは、つるはしを使ってわずかな明かりの中、頼りないコンパス (旧来のスクリプトとログ管理技術) を使って洞窟 (データセンター) 内をゆっくりとはいずり回るようなものだと語っていました。これはまさに洞窟探検 (spelunking) のようなもので、そこから Splunk と言う名前が生まれたのです。

デジタルの世界の洞窟探検の困難さを考えると、これらの担当者が問題に対処するための唯一の方法は Web を検索して、同じような問題に遭遇した他社が解決策をオンラインに投稿していないかどうかを検索することでした。Splunk の創立者達は、この広く認知されている問題に多大な費用が費やされながら、誰もこの問題に取り組もうとしていないことに衝撃を受けました。ここで Erik と Rob は、「なぜ Google™ 検索のように IT データを簡単かつ手軽に検索できないんだろう?」と考えます。

Splunk の最初の目標は、データセンター、大規模コンピューティング環境、またはネットワーク環境の運用とトラブルシューティングに必要なデータの収集と分析を手軽に行えるようにすることでした。Web 検索の容易さと IT 担当者達が問題のトラブルシューティングに利用している手間のかかる独自の手法の長所を組み合わせれば、強力な機能を実現できます。

Erik と Rob は資金調達を開始して、LinuxWorld® 2005 で最初のバージョンの Splunk が公開されました。この製品は大好評で、無料ダウンロード版により急速に普及していきました。いったん Splunk をダウンロードすれば、それを使って予期しないさまざまな問題を解決できるため、部門間や企業間に広まっていきました。ユーザーが管理部門に Splunk の購入を依頼した時には、すでに問題解決と時間の節約の実績ができあがっています。

当初は IT およびデータセンターの担当者による、技術的な問題のトラブルシューティングを支援することを想定していましたが、従来のデータベースよりも労力をかけることなく手軽に広範なデータをサーチ、収集、管理できるため、あらゆる種類のビジネスユーザーに利用されるとても有益なプラットフォームとしての地位を確立しました。従来の方法では得られなかった新たなビジネス上の洞察や運用上の知恵 (オペレーショナルインテリジェンス) が導き出されるのです。

# Splunk がデータセンター内のマシンデータを学習する仕組み

最初に Splunk が普及したのは、マシンデータがあふれているデータセンターでした。Splunk はシステム管理者、ネットワークエンジニア、アプリケーション開発者にとって、マシンデータを素早く理解する (そしてデータの有用性を増す) エンジンとして好評になりました。なぜ好評だったのでしょうか?Splunk がこんなにも早く普及した理由、そして私たちがマシンデータの性質を理解する手助けとなる例を見ていきましょう。Splunk がビジネスの世界にもたらす大きな価値を理解できます。

大半のコンピューティング環境では、多数の異なるシステムが相互に依存しています。監視システムは何か異常事態が発生した後にアラートを送信します。たとえば、サイトの主要 Web ページは、Web サーバー、アプリケーションサーバー、データベースサーバー、ファイルシステム、ロードバランサー、ルーター、アプリケーションアクセラレータ、キャッシングシステムなどに依存していることがあります。これらのシステムのいずれか、たとえばデータベースに異常事態が発生した場合、アラームがあらゆるレベルで鳴り始め、同時に鳴っているように聞こえます。このような事態が発生すると、システム管理者やアプリケーション担当者は、問題の主原因を発見してそれを修復しなければなりません。ここで問題になるのが、ログファイルは複数のマシン上に散在しており、時にはタイムゾーンが異なる地域に配置されていることもあります。さらに、ログファイルには数百万件ものエントリが含まれており、その大半は問題とは無関係な情報です。また、システム障害を示す関連レコードは、同時に登場する傾向にあります。そして、それの原因となった問題を探し出すことは非常に困難です。Splunk はこのような作業にどのように役立つのでしょうか。

- まず Splunk はインデックスを作成します。この時、さまざまな場所にあるすべてのデータが収集され、それが集中管理されるインデックスへと変換されます。Splunk が登場する前は、システム管理者が多数の異なるマシンにログインして、非力なツールを使ってデータにアクセスしていました。

- Splunk はインデックスを使って、すべてのサーバーからのログを素早くサーチして、問題発生時の情報を絞り込むことができます。Splunk はその速度、規模、および使いやすさにより、問題の発生時期を迅速に絞り込めます。

- 次に問題が初めて発生した期間にドリルダウンして、主原因を特定します。また、今後問題が発生しないように、アラートを作成することができます。

多種多様なログファイルを統合してインデックスを作成し、集中的にサーチできるようにする能力により、Splunk はシステム管理者や他のビジネスにおける技術的な運用を担当する人々に普及していったのです。セキュリティアナリストは、セキュリティ上の脆弱性やシステムへの攻撃の徴候を探し出すために Splunk を使用しています。システムアナリストは、複雑なアプリケーション内の非効率な箇所やボトルネックを発見するために Splunk を使用しています。ネットワークアナリストは、ネットワークダウンの原因やパフォーマンス劣化のボトルネックを探すために Splunk を使用しています。

このような説明から、Splunk の主な特徴が分かります。

- **集中管理されるリポジトリを作成することが重要**：Splunk が勝利を収めた理由の 1 つとして、多種多様なソースからのさまざまな種類のデータをサーチ用に集中管理できることが挙げられます。

- **Splunk はデータを回答に変換する**：Splunk は、データ内に隠されている有益な情報を発見するために役立ちます。

- **Splunk はデータの構造と意味を理解するために役立つ**：データを理解すれば、より詳細に情報を把握することができます。また Splunk は、今後の調査を簡単にするための情報の収集や、分かったことを他の人々と共有するためにも役立ちます。

- **視覚エフェクトの利用**：インデックス作成とサーチの成果は、得られた情報を明確に把握できる形式のグラフやレポートに表示することができます。データをビジュアル化するためにさまざまな視覚エフェクトを使用することで、情報をより詳細に理解したり、他の人々と共有したりすることができます。

# オペレーショナルインテリジェンス

私たちがしていることのほとんどは何らかの手段で技術による恩恵を受けており、それによって収集される情報も膨大なものとなっています。サーバーが記録する情報の大半は、顧客やパートナー達の実際の行動を表しています。Splunk の利用者は、Web サーバーのアクセスログが、システムの診断だけではなく、Web サイトを訪れる人々の行動を理解するためにも役立つことに早期に気が付きました。

Splunk は常に、オペレーショナルインテリジェンスに関する認識を高める最前線に君臨してきました。これは、マシンデータを使ってビジネスの視認性を高め、IT や企業全体に関する洞察力を得るための、新たな分野の手法/技術です。オペレーショナルインテリジェンスは、ビジネスインテリジェンス (BI) の派生物ではなく、一般的には BI ソリューションの範囲外である情報ソースに基づく新たなアプローチです。運用データは IT 運営を改善するために貴重なだけでなく、ビジネスのさまざまな分野への洞察力を得るためにも非常に高い価値があります。

オペレーショナルインテリジェンスにより、次のような事柄を実現することができます。

*   **マシンデータを使って顧客を深く理解する**：たとえば、Web サイトのトランザクションを単に参照するだけでも、顧客が何を購入したのかが分かります。しかし、Web サーバーのログを詳細に調査すれば、商品を購入した顧客がその前に参照していたページや、商品を購入しなかった顧客が参照していたページなどの情報を確認することができます。(前に説明した新商品のサーチ例を思い出してください)

*   **多種多様なソースから発生するイベントを相関することで得られる重要なパターンや分析情報を導き出す**：Web サイト、CDR、ソーシャルメディア、および店舗内小売りトランザクションなどから消費者の行動を追跡できれば、その顧客像をより明確に描き出し、どのようにすれば顧客を増やせるのかを詳細に把握することができます。顧客とのやり取りデータが蓄積されていくにつれて、より詳細に顧客のことを理解することができます。

*   **重要なイベントの発生とその検出までの時間を短縮**：マシンデータを監視して、リアルタイムに相関することができます。

*   **ライブフィードと履歴データを活用し、現在起きている事象の理解、傾向や異常事態の確認、それらの情報に基づくより詳細な意思決定**：たとえば、Web プロモーションにより生成されたトラフィックをリアルタイムに測定して、以前のプロモーションと比較することができます。

*   **ソリューションを素早く展開して、現代および将来の組織が必要とする柔軟性を提供 (アドホックレポートの提供、疑問への回答、新たなデータソースの追加など)**：Splunk のデータは、ダッシュボードに表示することができます。ユーザーはダッシュボードを使って、イベントを調査したり、新たな疑問に対する回答を探したりすることができます。

# オペレーショナルインテリジェンスの活用

Splunk は他の製品では不可能な、構造化されていない大量の時系列テキスト
データを効率的に収集、分析することができます。基本的に IT 部門は、まず技術
的に難解な問題の解決に Splunk を使用しますが、その後各自のビジネスに活
用できる貴重な洞察力を得られることにも気づくことでしょう。

Splunk でマシンデータを利用すれば、厄介なビジネス上の問題の解決にも役立
ちます。いくつかの例を見ていきましょう。

- クラウドによる顧客対応アプリケーションを導入したある運用チーム
  は、Splunk を診断に使用しています。その後チームのメンバーは、Splunk を
  利用すればユーザー統計情報を追跡してより良いキャパシティプランニング
  を実現できることに気が付きました。これは、ビジネス的にも重要な意味を
  持っています。

- Web サーバートラフィックログを利用すれば、買い物かごへの商品の出し入
  れをリアルタイムに追跡できます。マーケティング部門はこの情報を使って、
  ユーザーがどこで操作に行き詰まっているか、またどのような種類の商品の
  購入が取り消されているかなどの情報を確認して、問題を修正したり、対象
  商品のプロモーションを行ったりすることができます。

- トラブルシューティングのために Splunk を使ってアプリケーションを監視し
  ている企業は、顧客からの問い合わせに対応するために必要なビューをサ
  ポートチームに提供することの手軽さを実感しました。顧客からの問い合わ
  せに対して、わざわざ貴重な技術リソースの時間を割く必要はありません。

- ある大手公益事業会社は、6 種類もの監視/診断ツールの代わりに Splunk
  を使用することで、高いソフトウェアメンテナンス料金を節約しながら、NERC
  や SOX への準拠を強化することができました。

- ある大手パブリックメディアは、重要な Web 分析情報の収集時間を、数ヶ月
  からほんの数時間に短縮することができました。また、デジタル資産を従来
  では不可能なほど詳細かつ正確に追跡することで、ロイヤリティの会計やコ
  ンテンツのマーケティングを改善することもできました。

- タコスを扱うファーストフード店は POS システムを Splunk に接続した所、
  ビジネスアナリスト達はほんの 1 時間ほどで、「この地域でこの時期に、午前
  0 時〜午後 2 時の間にタコスを購入した人数は？」などの疑問に対する回答
  を導き出せるようになりました。

オペレーショナルインテリジェンスにより、リアルタイムデータや履歴データをダ
ッシュボードやグラフに理解しやすい形式で表示して、適切な質問からビジネス
上の洞察力を生み出す有益な情報を得ることができます。

マシンデータを「ビッグデータ」と呼ぶ風潮には理由があります。大きくて乱雑だけれども、その中のどこかには、ビジネスの将来につながる鍵が隠されています。さて、第 2 章に進みましょう。第 2 章では、Splunk へのデータの取り込み方法を学習し、データの中に眠っている宝物の探索を開始していきます。

# 2 データの取り込み

第 1 章では、Splunk の概要とそれがどれだけ役に立つのかを紹介しました。ここでは、Splunk にデータを実際に取り込んでみましょう。

この章では、Splunk のインストール、データのインポート、そしてサーチのためのデータ編成方法について説明していきます。

## マシンデータの基礎

Splunk は、マシンにあるデータを人々の役に立つ有益な情報にすることを目的にしています。より理解しやすくなるように、ここではマシンデータの基本と Splunk がそれをどのように処理しているかを説明していきます。

システムの開発者は (Web サーバー、ロードバランサー、ゲーム、ソーシャルメディアなど)、システム動作中の情報をログファイルに書き込むように設計しています。この情報 (ログファイル内のマシンデータ) は、システムを使っている人々が、利用時にそのシステムが何を行っていたのかのを理解するために役立ちます。たとえば、ある時計アプリケーションのログファイルには、以下のような情報が記録されています。

```
Action: ticked s:57, m:05, h:10, d:23, mo:03, y:2011
Action: ticked s:58, m:05, h:10, d:23, mo:03, y:2011
Action: ticked s:59, m:05, h:10, d:23, mo:03, y:2011
Action: ticked s:00, m:06, h:10, d:23, mo:03, y:2011
```

時計の針が進むと、それが毎回アクションとして記録され、そのアクションを実行した時刻も記録されます。時計を継続的に監視していくと、ログには時計の針が進むことだけではなく、電池の残量、アラームが設定されたこと、時計のオン/オフ、その他時計がどのように動作していたかを表すさまざまな情報が記録されていくことでしょう。上記のマシンデータの各行は個別のイベントと考えることができます。マシンデータによっては、複数行にまたがるイベントや、数百行にもおよぶイベントが記録されていることもあります。

Splunk はこのような未加工のマシンデータ (raw データ) を、イベントと呼ばれる個別の情報ピースに分割します。単純なサーチを実行すると、Splunk はサーチ単語に一致するイベントを取得します。各イベントは、フィールドとして知られる個別のデータから成り立っています。時計のデータ内には、たとえば second (秒)、minute (分)、hour (時)、day (日)、month (月)、および year (年) などのフィールドが

含まれています。一連のイベントがスプレッドシートやデータベースで管理されているとしたら、図2-1 のようにイベントが行に、フィールドが列になります。

| Second (秒) | Minute (分) | Hour (時間) | Day (日) | Month (月) | Year (年) |
|---|---|---|---|---|---|
| 58 | 1 | 14 | 23 | 11 | 2011 |
| 59 | 1 | 14 | 23 | 11 | 2011 |
| 60 | 1 | 14 | 23 | 11 | 2011 |
| 1 | 2 | 14 | 23 | 11 | 2011 |
| 2 | 2 | 14 | 23 | 11 | 2011 |
| 3 | 2 | 14 | 23 | 11 | 2011 |

図2-1:スプレッドシート形式の時計のイベント

イベントは、キーワードと値のペアで構成される一連のフィールドと考えることもできます。時計のイベントをキーワードと値のペアで表すと、図 2-2 のようになります。

```
Second=58, Minute=01, Hour=14, Day=23, Year=2011
Second=59, Minute=01, Hour=14, Day=23, Year=2011
Second=60, Minute=01, Hour=14, Day=23, Year=2011
Second=01, Minute=02, Hour=14, Day=23, Year=2011
Second=02, Minute=02, Hour=14, Day=23, Year=2011
```

図2-2:フィールドをキーワード/値のペアで表した時計のイベント

ここで、もっとも一般的で役に立つ種類のマシンデータの実例を見ていきましょう。Web サーバーには、サーバーからリクエストされた URL の記録を保管したログファイルがあります。

Web サーバーデータの各フィールドには、次のような情報が記録されています。

client IP (クライアント IP)、timestamp (タイムスタンプ)、http method (HTTP メソッド)、status (ステータス)、bytes (バイト数)、referrer (リファラー)、user agent (ユーザーエージェント)

ある 1 つの Web ページを参照すると、テキスト、画像、その他リソース/コンテンツを取得するためにさまざまなリクエストが送信されます。一般的に各リクエストは個別のイベントとしてログファイルに記録されます。その結果生成されるファイルは、図 2-3 のようになります (各フィールドを把握しやすいように記号や色を付けています)。

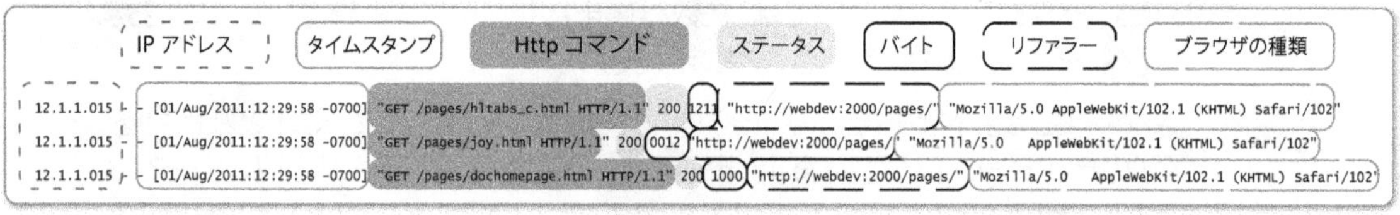

図2-3:一般的な Web サーバーログ

14

# Splunk が認識できるデータの種類

マシンデータの共通の特徴として、ほぼ常にデータの作成時期またはデータが指すイベントの発生時期が含まれていることが挙げられます。この特徴に基づいて、Splunk のインデックスはイベントを時系列順に取得できるように最適化されています。raw データに明示的なタイムスタンプがない場合、Splunk はデータ内のイベントにインデックス作成時の時間を割り当てるか、またはその他の概算手法 (ファイルの前回変更時刻や前のイベントのタイムスタンプなど) を使用します。

また、データは文字形式でなければなりません。バイナリデータは利用できません。たとえば、画像ファイルや音声ファイルはバイナリデータファイルです。プログラムのクラッシュ時に生成されるコアダンプなど、一部の種類のバイナリファイルは、スタックトレースなどのテキスト情報に変換することができます。Splunk では、データのインデックスを作成する前に、そのような変換を実行するスクリプトを呼び出すことができます。Splunk でデータのインデックスを作成してサーチするには、データが文字形式でなければなりません。

# Splunk データソース

インデックスの作成時に、Splunk は任意の数のソースからマシンデータを読み込めます。データの取り込みにもっとも利用されるソースには、次のようなものがあります。

- **ファイル：**Splunk は特定のファイルやディレクトリを監視できます。監視対象ディレクトリ内のファイルにデータが追加された、または新たなファイルが追加された場合、Splunk はそのデータを取り込みます。

- **ネットワーク：**Splunk は TCP または UDP ポートに送信されるデータを待機して、それを取り込むことができます。

- **スクリプト入力：**Splunk は、UNIX® コマンドやセンサーを監視するカスタムスクリプトなどの、プログラムやスクリプトによるマシンデータの出力を取り込むことができます。

さあ、これで必要な基本情報を理解できました。Splunk を使ってみましょう。

# Splunk のダウンロードとインストール

本書で取り上げている各トピックの説明を試すために、Splunk をインストールしていくつかのマシンデータを取り込むことをお勧めします。ここで説明している作業はすべて、Splunk Free (後述) を使って行うことができます。

このセクションでは、Splunk の実行方法について説明していきます。

# Splunk のダウンロード

Splunk を学習するために、または小規模〜中程度の環境でデータを利用するために、Splunk を無料でダウンロードすることができます。splunk.com のホームページには、以下のようなボタンがあります。

Free Download

これをクリックすると、コンピュータへの Splunk のダウンロードとインストールが開始されます。Windows®、Mac™、Linux®、および UNIX が動作するコンピュータにインストールすることができます。

# Splunk のインストール

Splunk のインストールはとても簡単です。そこで、ここでは皆さんがご自分でインストールしたことを前提に説明していきます。何か質問がある場合は、Splunk チュートリアル (http://splunk.com/goto/book#tutorial) をご覧ください。このチュートリアルには、さまざまな事柄が詳細に説明されています。

# Splunk の開始

Windows で Splunk を開始するには、[スタート] メニューからアプリケーションを開始します。図 2-4 のようこそ画面をご覧ください。

Splunk を Mac OS X または UNIX で開始するには、ターミナルウィンドウを開きます。Splunk のインストールディレクトリの bin サブディレクトリに移動して、次のコマンドを入力します。

```
./splunk start
```

Splunk 開始時に表示されるメッセージの最後の行には、次のような情報が表示されます。

```
The Splunk web interface is at http://your-machine-
name:8000
```

この URL に移動すると、ログイン画面が表示されます。ユーザー名とパスワードがない場合は、デフォルトのアカウント admin およびパスワード changeme を使用してください。ログインすると、[ようこそ] 画面が表示されます。

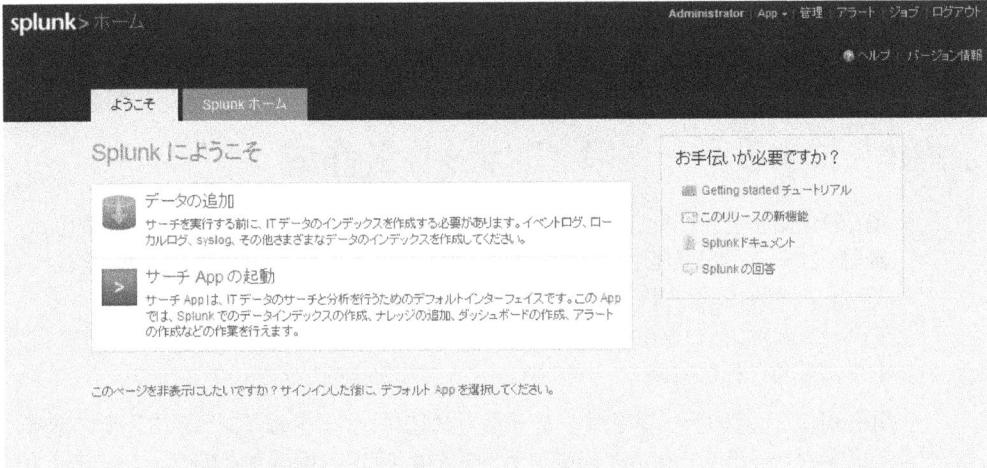

図2-4：[ようこそ] 画面

この画面には、データの取り込みやサーチ App の起動などを行える、Splunk の初期画面が表示されています。

# インデックス作成するデータの取り込み

今度は、調査するデータをインデックスに追加する方法を見ていきましょう。

この章で行う作業のために、いくつかのサンプルデータを使用します。データの入手方法については、次の URL を参照してください：http://splunk.com/goto/book#add_data

インデックス作成処理は、2 つのステップから成り立っています。

- Splunk Web サイトからサンプルファイルをダウンロードする
- ファイルのインデックスを作成するように Splunk に指示する

サンプルファイルをダウンロードするには、次の URL に移動してファイルをデスクトップに保存します：http://splunk.com/goto/book#sample_data

ファイルを Splunk に追加するには：

1. [ようこそ] 画面で [**データの追加**] をクリックします。
2. 画面下部の [**ファイルとディレクトリから**] をクリックします。
3. [**プレビューをスキップ**] を選択します。
4. [**ファイルのアップロードとインデックスの作成**] の隣にあるラジオボタンをクリックします。
5. 先ほどデスクトップにダウンロードしたファイルを選択します。

6. [**保存**] をクリックします。

これでデータを追加できました。次に、Splunk が取り込んだデータをどのように
処理するのかを見ていきましょう。

# Splunk によるデータのインデックス作成

多くの企業にとって Splunk の価値は、マシンデータのインデックスを作成し、
素早くサーチや分析を行ったり、レポートやアラート機能を利用できることに
あります。何も処理されていない当初のデータは、raw データと呼ばれていま
す。Splunk は、データ自体は変更せずに、データ内の単語の時間ベースのマップ
を生成することで、raw データのインデックスを作成します。

Splunk で大量のデータをサーチするためには、データのインデックスを作成す
る必要があります。Splunk のインデックスは、特定の用語がどのページにあるか
を指している、書籍の最後にある索引と似ています。Splunk では、この「ページ」
がイベントになります。

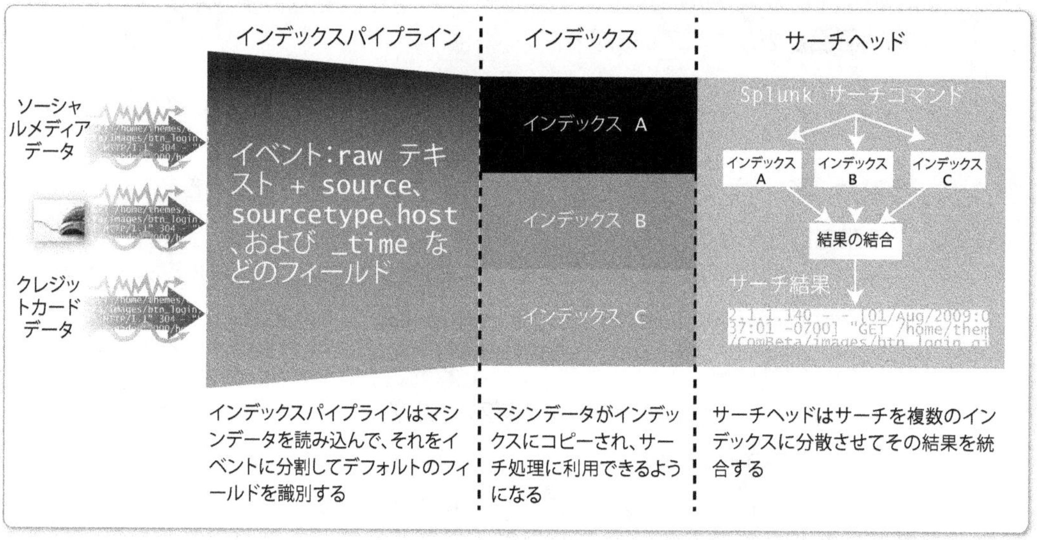

図2-5：Splunk インデックスの特徴

Splunk は一連のマシンデータを個別のイベントに分割します。前に説明したよ
うに、イベントはログファイルの 1 行程度の単純な情報であることも、数百行に
も及ぶスタックトレースのような複雑で膨大な情報になることもあります。

Splunk 内の各イベントには、表 2-1 のように最低 4 つのデフォルトのフィールド
があります。

表 2-1：Splunk が常にインデックスを作成するフィールド

| フィールド | 内容 | 例 |
| --- | --- | --- |
| source | データの取り込み元 | ファイル (/var/log/)、スクリプト (myscript.bat)、ネットワークフィード (UDP:514) |
| sourcetype | データの種類 | access_combined、syslog |
| host | データを生成したホスト | webserver01、cisco_router |
| _time | いつイベントが発生したか | Sat Mar 31 02:16:57 2012 |

これらのデフォルトフィールドは、raw データと一緒にインデックス作成されます。

タイムスタンプ (_time) フィールドは特別なフィールドで、Splunk インデクサーはこのフィールドを使ってイベントの順序付けを行います。そうすることによって、ある時間範囲内のイベントを効率的に取得できます。

第 3 章では、Splunk 操作の大半が行われるサーチインターフェイスを見てみましょう。

# 3 Splunk を使ったサーチ

Splunk がデータのインデックスを作成する方法 (第 2 章) を理解したら、Splunk を使ってサーチを実行する際にどのような処理が行われるのかを理解しやすくなります。

もちろんサーチの最終目的は、必要な情報を的確かつ素早く探し出すことにあります。そのためには、データのフィルタリング、要約、ビジュアル化などを行っていきます。また、定期的に大量のデータを調査しなければならないこともあるでしょう。また、単純に大量のデータから特定の 1 イベントを探し出したい場合もあります。

**サマリーダッシュボード**では、データの概要を手軽に参照することができます。Splunk の [**ようこそ**] タブで、[**サーチ App の起動**] をクリックします。[**ホーム**] タブにいる場合は、[**あなたの App**] の下にある [**サーチ**] をクリックします。図 3-1 のように**サマリーダッシュボード**が表示されます。

図3-1：サーチ App のサマリーダッシュボード

このダッシュボードには、次のような項目があります。

- 上部にある**サーチバー**は空になっています。ここに用語を入力してサーチを開始します。

- **サーチバー**の右側にある**タイムレンジピッカー**を利用して、時間範囲を調節することができます。たとえば、過去 15 分間のイベントを参照することも、任意の時間間隔のイベントを参照することも可能です。リアルタイムに取り込まれるデータに対して、30 秒〜1 時間の表示間隔を選択することができます。

- [**すべてのインデックスデータ**] パネルには、現在までにインデックスが作成されたデータ数合計が表示されます。

次の 3 つのパネルには、各カテゴリでインデックス作成された最新値またはもっとも多い値が表示されます。

- **[ソース]** パネルには、データの取り込み元となったファイル (または他のソース) が表示されます。

- **[ソースタイプ]** パネルには、データのソースの種類が表示されます。

- **[ホスト]** パネルには、データを生成したホストが表示されます。

次に、ページの上部にあるサーチナビゲーションメニューを見てみましょう。

図3-2：サーチナビゲーションメニュー

- 現在、開いているビューは [**サマリー**] です。

- [**サーチ**] を選択するとメインのサーチインターフェイスである**サーチダッシュボード**が表示されます。

- [**ステータス**] には、Splunk インスタンスのダッシュボードのステータスが表示されます。

- [**ダッシュボードとビュー**] には、ダッシュボードとビューが表示されます。

- [**サーチとレポート**] には、保存済みサーチおよびレポートが表示されます。

次のセクションでは、**サーチダッシュボード**を紹介していきます。

# サーチダッシュボード

[**サーチ**] オプションをクリックするか、または**サーチバー**に何かを入力すると、ページが**サーチダッシュボード**に切り替わります (タイムラインビューと呼ばれることもあります)。サーチが開始されると、ほぼ即座に結果の表示が開始されます。たとえば、**サーチバー**にアスタリスク (*) を入力すると、デフォルトのインデックスのすべてのデータが抽出されて、図 3-3 のような画面が表示されます。

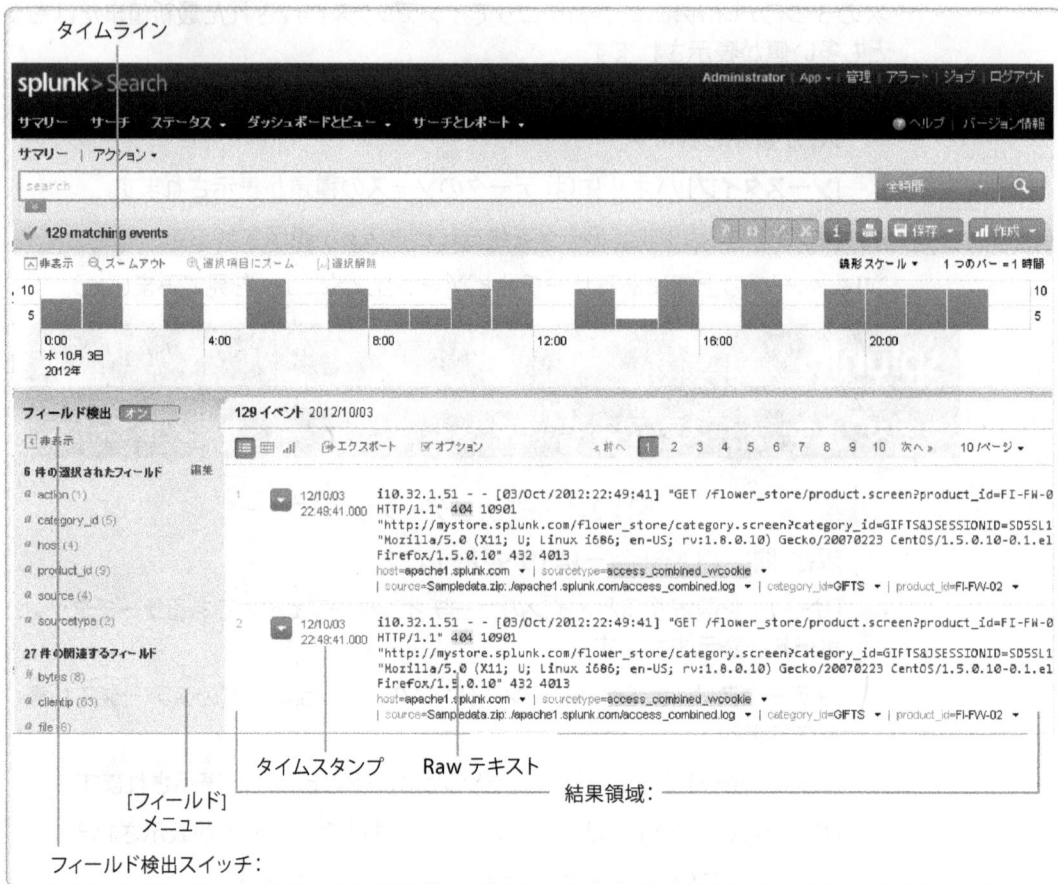

図3-3:サーチダッシュボード

このダッシュボードの内容を見ていきましょう。

- **タイムライン:**サーチに一致するイベント数の推移をグラフィカルに表しています。

- **フィールドサイドバー:**関連フィールドとイベント数です。このメニューから、結果にフィールドを追加することもできます。

- **フィールド検出スイッチ:**自動フィールド検出をオンまたはオフにします。フィールド検出をオンにしてサーチを実行すると、フィールドの自動検出が試みられます。

- **結果領域:** サーチのイベントが表示されます。イベントは**タイムスタンプ**順に表示されます。タイムスタンプは各イベントの左側に表示されています。各イベントの **raw テキスト**の下には、[**フィールド**] サイドバーから選択された値を持つイベントのフィールドが表示されます。

**サーチバー**に入力を開始すると、その下部には状況に応じた情報が表示されます。サーチに一致する項目が左側に、ヘルプが右側に表示されます。

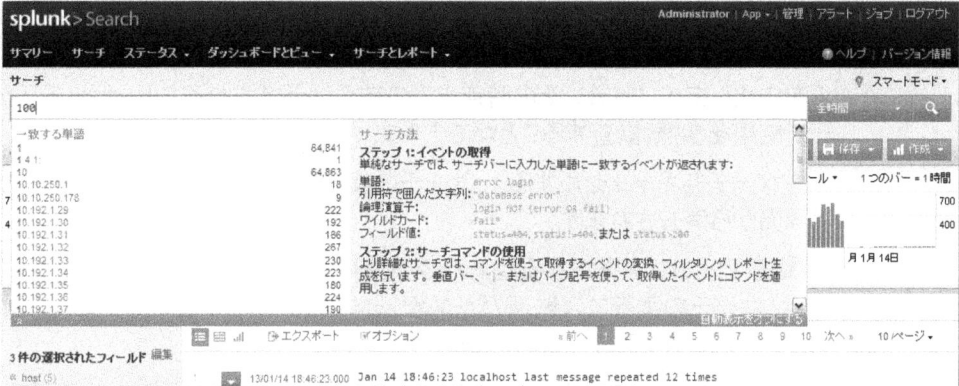

図3-4：サーチバーにテキストを入力すると役に立つ情報が表示される

**タイムレンジピッカー**下には、一連のアイコンが表示されます。

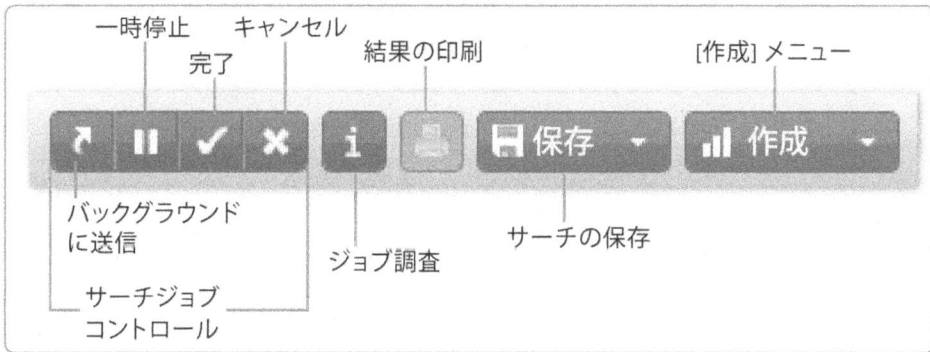

図3-5：サーチアイコン

**サーチジョブコントロール**は、サーチ実行中にのみ有効になります。サーチを実行していない場合、またはサーチが完了した場合は、無効になり灰色表示されます。長時間かかるサーチの実行中は、これらのアイコンを使ってサーチの進捗状況を制御することができます。

- サーチをバックグラウンドに送信すると、そのサーチを継続させながら別のサーチを実行することができます。また、ウィンドウを閉じてログアウトすることも可能です。[**バックグラウンドに送信**] をクリックすると**サーチバー**が消去され、他の作業を行うことができます。ジョブが完了すると、ログインして

いる場合は画面に通知メッセージが表示されます。そうでない場合は、通知メールが送信されます (メールアドレスを指定している場合)。その後、ジョブの状況を確認したい場合は、ページ上部にある [**ジョブ**] リンクをクリックします。

• サーチを一時停止すると、その時点までのサーチ結果を参照することができます。サーチを一時停止している間は、アイコンが再開ボタンに変化します。そのボタンをクリックすると、一時停止した地点からサーチが再開されます。

• サーチを完了すると、実際のサーチが完全に終了する前にその時点でサーチを中止します。ただし、その時点までの結果は保持されるため、サーチビューで結果を参照、調査することができます。

• 一方サーチをキャンセルすると、サーチの実行が中止され、結果が破棄されて画面から消去されます。

[**ジョブ調査**] アイコンを選択すると、[**ジョブ調査**] ページが表示されます。このページには、サーチの実行コスト、デバッグメッセージ、サーチジョブのプロパティなどの、サーチに関する詳細情報が表示されます。

サーチの保存、サーチ結果の保存、または結果の保存と共有を行うには、[**保存**] メニューを使用します。保存したサーチは、[**サーチとレポート**] メニューから探せます。結果を保存した場合、画面の右上にある [**ジョブ**] をクリックして、それを確認することができます。

[**作成**] メニューを使って、ダッシュボード、アラート、レポート、イベントタイプ、スケジュール済みサーチなどを作成できます。これらの詳細は第 5 章で説明しています。

左上の**結果**領域には、次のようなアイコンが表示されています。

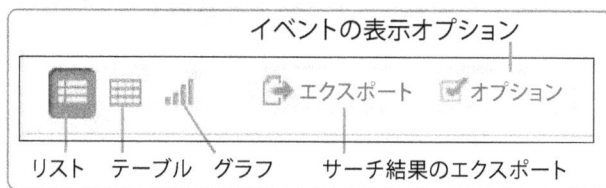

図3-6：結果領域のアイコン

デフォルトで Splunk はイベントをリスト形式で最新のものから順番に表示します。[テーブル] アイコンをクリックして結果をテーブルに表示したり、[グラフ] アイコンをクリックしてグラフに表示したりすることも可能です。[エクスポート] ボタンを使って、サーチ結果をCSV、raw イベント、XML、または JSON などの形式でエクスポートできます。

---

**イベントと結果の違いは何？**

厳密に言えば、インデックスから取得されたイベントのことを「イベント」と呼んでいます。それらのイベントが変換または要約されて、ディスク上のイベントと 1 対 1 の関係がなくなった場合に、それを「結果」と呼んでいます。たとえば、サーチから取得された Web アクセスイベントは「イベント」ですが、本日参照された上位の URL は「結果」になります。ただし、特に細かなことを気にする必要はありません。どちらの用語を使っても意味的には変わりません。

---

# SPL™：サーチ処理言語

Splunk を利用すれば、インデックスが作成された大量のイベントから実際に欲しい回答を得るためのデータを、手軽に探し出すことができます。

イベントを取得してレポートを生成する、一般的なサーチのパターンを図 3-7に示します。このサーチは、syslog エラー数が多いユーザーを返します。

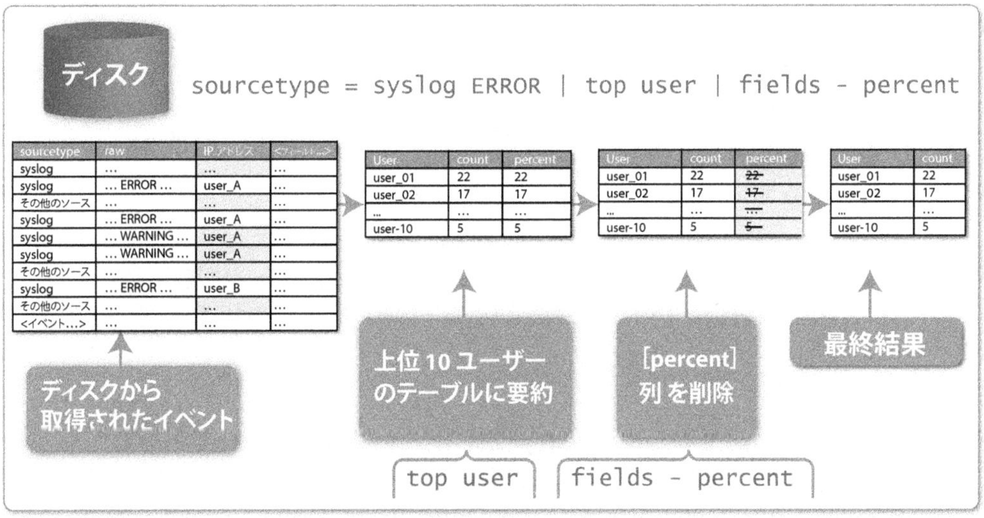

図3-7：単純な Splunk サーチの処理例

次のサーチ文字列全体

```
sourcetype=syslog ERROR | top user | fields - percent
```

がサーチと呼ばれています。パイプ文字 ( | ) は、サーチを構成する各コマンドを区切っています。

# パイプ

パイプ文字の後の最初のキーワードがサーチコマンド名になります。この例では、top および fields がコマンドになります。インデックスからイベントを取得するコマンドは何でしょうか？実はすべてのサーチの先頭には、暗黙の search コマンドが存在しています。このコマンドの前にパイプ文字はありません。つまり、実際には上記のサーチには search、top、および fields の 3 つのサーチコマンドがあることになります。

各コマンドの結果が次のコマンドの入力として渡されます。bash などの Linuxシェルを利用したことがある方は、この概念を理解しやすいと思います。

# 暗黙の AND

sourcetype=syslog ERROR は、search コマンドに sourcetype が syslogと等しく、且つ (AND) 用語 ERROR を含むイベントのみを取得するように指示しています。

# top user

次のコマンド top は、指定フィールドにもっとも登場する値を返します。top のデフォルトでは、指定フィールドでもっとも登場している上位 10 件の値が降順に返されます (David Letterman に感謝)。この場合、user フィールドが指定されているので、top コマンドは「ERROR」と言う単語を含む syslog イベントに、もっとも多く登場しているユーザーを返します。top の出力は 3 列 (user、count、および percent) で、10 行の値を持つテーブルになります。

top コマンドの出力は、パイプ文字の後にある、次のコマンドの入力になることにも注意してください。このように、top コマンドはサーチ結果を小さな値セットに変換しました。この値セットは、次のコマンドでさらに絞り込まれていきます。

# fields – percent

2 番目の fields コマンドには、引数 – percent が付けられています。これは、Splunk に top コマンドの出力から percent 列を削除することを指示しています。

---

**探索目的のデータ分析：Splunk で探検気分**

データについて何の知識も持っていない場合はどうしたら良いのでしょうか？いろいろと試しながら、情報の世界を探検していきましょう。「*」を使ってサーチを実行してすべてのイベントを取得してから、それの調査を開始することができます。特定のイベントの参照、関連フィールドの抽出、top コマンドを使ったそれらのフィールドの最頻値の取得、イベントの詳細の確認、他のフィールドに基づいた新規フィールドの抽出など、さまざまな作業を行えます。(あまり知らないソースの中身を知る方法については、http://splunk.com/goto/book#mining_tips をご覧ください。)

---

第 4 章でサーチコマンドについて学習する前に、search コマンド自体を見ていきましょう。これは、Splunk の使用には欠かせないとても特別なコマンドです。

# search コマンド

search コマンドは Splunk の主役です。単純ながらもっとも強力なコマンドです。あまりにも基本的なコマンドなので、先頭に指定する必要さえありません。このコマンドはサーチの開始時に暗黙の了解で実行され、ディスク上のインデックスからイベントが取得されます。

---

Splunk のインデックスからデータを取得しないサーチもあります。たとえば、inputcsv コマンドは、CSV ファイルからデータを読み込みます。このようなコマンドを最初のコマンドとして指定するには、先頭にパイプ文字を指定します。例：| inputcsv myfile.csv

---

サーチ内の最初のコマンドとして使用しない場合、search コマンドを使って前のサーチの結果をフィルタリングすることができます。この場合は、他のコマンドと同じように search コマンドを使用します。パイプ文字に続けてコマンド名を明示的に指定してください。たとえば、error | top url | search count>=2 と指定すると、単語 error があるディスク上のイベントが検索され、登場回数の多い URL が取得され、1 回のみ登場している URL がフィルタリングされます。たとえば、top コマンドが返した 10 件のエラーイベントの中で、その URL が複数回登場しているイベントのみを表示します。

明示的な search コマンドの呼び出し例とその結果を表 3-1 に示します。

表 3-1：明示的なサーチコマンドの指定

| サーチ引数 | 結果 |
|---|---|
| (warn OR error) NOT fail* | 「warn」または「error」を含むすべてのイベントを取得しますが、「fail」、「fails」、「failed」、または「failure」などを含むイベントは除外します。 |
| "database error" fatal disk | 「database error」、「fatal」、および「disk」を含むすべてのイベントを取得します (暗黙の AND が存在)。 |
| host=main_web_server delay>2 | host フィールドに値 main_web_server があり、delay フィールドの値が 2 より大きいすべてのイベントを取得します。 |

# search コマンドの使用ヒント

ここでは、search コマンドを使用するために役立ついくつかの情報を説明していきます。これらは他の多くのコマンドにも当てはまります。

## 大文字小文字の区別

search コマンドのキーワード引数では大文字と小文字が区別されませんが、フィールド名は大文字と小文字が区別されます。(大文字小文字の区別の詳細は、付録 B を参照してください。)

## サーチでの引用符の使用

空白文字、カンマ、パイプ記号、角括弧、等号を含むフレーズやフィールド値は、引用符で囲む必要があります。つまり、「host=web09」は大丈夫ですが、ホスト値にスペースが含まれている場合は、たとえば host="webserver #9" のように値を引用符で囲む必要があります。また、予約語 (例：AND、OR、NOT などをサーチする場合も、引用符を使用してください。

引用符をサーチする場合は、引用符をエスケープ処理するためにバックスラッシュ (円記号) を使用します。フレーズ「Splunk changed "life itself" for me」を探すには、次のように指定します。

```
"Splunk changed \"life itself\" for me"
```

## 論理演算

search コマンドの引数となるキーワードやフィールド間には、暗黙的に論理和の AND が使用されています。

複数の OR キーワードを大文字で使用して、複数の引数の真を指定することができます。OR は AND よりも優先順位が高いため、OR を使った引数の周囲には括弧があると考えることもできます。

特定の単語を含むイベントを除外するには、キーワード NOT を使用します。

必要に応じて括弧を使用して、それぞれの関係をより明示的に指定することができます。たとえば、サーチ x y OR z NOT w と x AND (y OR z) AND NOT w の結果は同じです。

# サブサーチ

他のコマンドと同様に search コマンドをサブサーチに使用することができます。サブサーチは、その結果を他のサーチコマンドの引数として使用するサーチです。サブサーチは、角括弧で囲みます。たとえば、前回ログイン時にエラーが発生したすべてのユーザーの syslog イベントを表示するには、次のコマンドを使用します:

```
sourcetype=syslog [search login error | return user]
```

ここでは、単語 `login` と `error` を含むイベントに対するサーチが実行
され、最初に見つかった user 値が返されます。たとえば、bob が返され
て、`sourcetype=syslog user=bob` のサーチが実行されます。

ここまで何も問題がないならば、第 4 章では、その他のすぐに役立つコマンドを
紹介していきます。

# 4 SPL：サーチ処理言語

第 3 章では、SPL サーチの基本的な Splunk コマンドについて説明しました。この章では、その他の役立つ SPL コマンドについて説明していきます。

ここでは、SPL コマンドの要点を例を取り上げながら説明していきます。参照資料の全一覧については、http://docs.splunk.com を参照してください。

この章で説明する SPL コマンドを、表 4-1 にカテゴリ別に示します。

表 4-1：一般的な SPL コマンド

| カテゴリ | 説明 | コマンド |
|---|---|---|
| 結果のソート | 結果の並び替えおよび (必要に応じて) 結果数を制限します。 | sort |
| 結果のフィルタリング | 一連のイベントまたは結果をフィルタリングして、特定の結果セットを抽出します。 | search<br>where<br>dedup<br>head<br>tail |
| 結果のグループ化 | パターンを確認できるようにイベントをグループ化します。 | transaction |
| 結果のレポート | サーチ結果からレポート用のサマリーを生成します。 | top/rare<br>stats<br>chart<br>timechart |
| フィールドのフィルタリング、変更、追加 | 一部のフィールドをフィルタリング (除去) して必要なフィールドのみを抽出したり、フィールドを変更、追加して結果やイベントの情報を強化したりします。 | fields<br>replace<br>eval<br>rex<br>lookup |

## 結果のソート

結果のソートはお考えの通り、sort コマンドで行います。

## sort

sort コマンドは、サーチ結果を指定フィールドで並べ替えます。

表 4-2 に例を示します。

---

### サーチの一部の省略

一連のコマンドの一部のみを指す場合は (表 4-2 のように)、次のように表示しています。

```
... |
```

これは、このコマンドの前に何らかのサーチが行われていることを示しています。しかし、ここではその後に続くコマンドのみに注目しています。

---

表 4-2：sort コマンドの例

| コマンド | 結果 |
|---|---|
| `... | sort 0 field1` | by field1,の昇順に、すべてのソート結果を返します (0 は、デフォルトの 10,000 件で停止せずに、すべての結果を返すことを示します)。 |
| `... | sort field1,-field2` | 結果を field1 の昇順に、次に field2 の降順にソートして、最高 10,000 件 (デフォルト) の結果を返します。 |
| `... | sort 100 -field1,+field2` | 結果を field1 の降順に、次に field2 の昇順にソートして、最初の 100 件のソート結果を返します。 |
| `... | sort filename`<br>`... | sort num(filename)`<br>`... | sort str(filename)` | 結果を filename でソートします。<br>• 最初のコマンドは、フィールド値のソート方法を指示しています。<br>• 2 番目のコマンドは、値を数値的にソートすることを指示しています。<br>• 3 番目のコマンドは、値を辞書的にソートすることを指示しています。 |

---

**ヒント:** デフォルトでは、サーチ結果は昇順に表示されます。結果の表示順序を逆にする場合は、結果の並べ替えに使用するフィールドの前にマイナス記号を付けてください。

---

図 4-1 に 2 番目の例を示します。価格 (price) の昇順、評価 (rating) の降順にソートを行います。もっとも安くてユーザーの評価が高い商品が最初の結果として表示されます。

| price | rating | fields |
|-------|--------|--------|
| 9.99 | 1 | ... |
| 9.88 | 2 | ... |
| 22.50 | 2 | ... |
| 22.50 | 3 | ... |
| 48.88 | 3 | ... |
| 9.99 | 4 | ... |
| 9.99 | 4 | ... |
| 48.88 | 5 | ... |
| 22.50 | 5 | ... |

| price | rating | fields |
|-------|--------|--------|
| 9.88 | 2 | ... |
| 9.99 | 1 | ... |
| 9.99 | 4 | ... |
| 9.99 | 4 | ... |
| 22.50 | 2 | ... |
| 22.50 | 3 | ... |
| 22.50 | 5 | ... |
| 48.88 | 3 | ... |
| 48.88 | 5 | ... |

| price | rating | fields |
|-------|--------|--------|
| 9.88 | 2 | ... |
| 9.99 | 4 | ... |
| 9.99 | 4 | ... |
| 9.99 | 1 | ... |
| 22.50 | 5 | ... |
| 22.50 | 3 | ... |
| 22.50 | 2 | ... |
| 48.88 | 5 | ... |
| 48.88 | 3 | ... |

前のサーチ結果

価格 (price)
の昇順にソート

評価 (rating)
の降順にソート

```
...|
```

```
sort price,-rating
```

図4-1：sort コマンド

## 結果のフィルタリング

これらのコマンドは、前のコマンドからサーチ結果を受け取り、そこからさらに
小さな結果セットを取り出します。データの中から目的のデータのみを表示する
ように、結果を絞り込んでいきます。

## where

フィルタリングコマンドの where は、結果をフィルタリングするための式を評価
します。評価が成功して、その結果が真 (TRUE) の場合、結果は保持されます。そ
れ以外の場合、結果は破棄されます。例：

```
source=job_listings | where salary > industry_average
```

この例では、仕事リスト (job_listings) して、その中で給与 (salary) が業界平均
(industry_average) 以下の仕事を破棄します。また、salary フィールドまたは
industry_average フィールドがないイベントも破棄されます。

この例では、2 つのフィールド salary と industry_average を比較していま
す。これは、where コマンドを使ってのみ行えます。フィールド値をリテラル値と
比較する場合は、次のように単純に search コマンドを使用します。

```
source=job_listings salary>80000
```

表 4-3:where コマンドの例

| コマンド | 結果 |
|---|---|
| … \| where distance/time > 100 | distance フィールドの値を time フィールドの値で割った値が、100 よりも大きい結果を保持します。 |
| … \| where like(src, "10.9.165.%") OR cidrmatch("10.9.165.0/25", dst) | IP アドレスに一致する、または指定したサブネット内にある結果を保持します。 |

where distance/time > 100 のコマンドの処理概要を図 4-2 に示します。

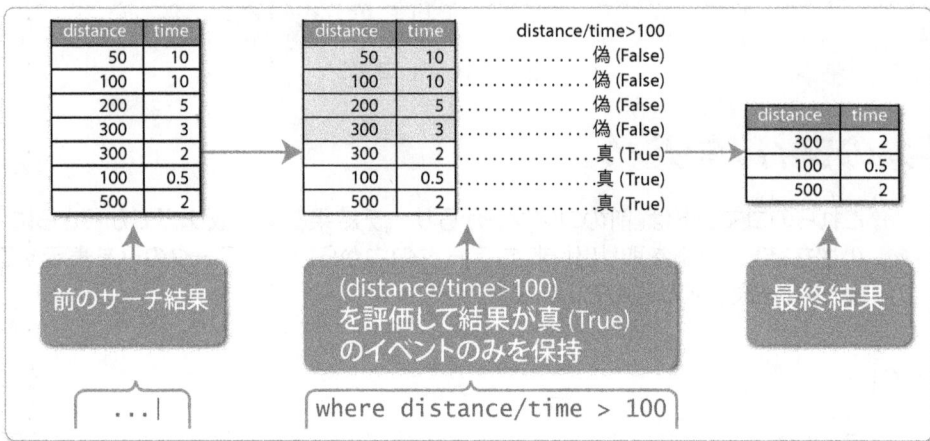

図4-2:where コマンドの例

## where コマンド使用のヒント

eval コマンドと同様に、where コマンドは多数の式評価関数と一緒に利用できます (一覧については付録 E を参照)。

# dedup

dedup フィルタリングコマンドを利用すれば、冗長なデータを除去することができます。このコマンドは、指定した基準に一致する後続の結果を削除します。つまり、このコマンドは指定フィールドの各値の組み合わせに対して、最初のcount 件の結果のみを保持します。count を指定しない場合はデフォルトの 1 が使用され、最初に見つかった結果が返されます (一般的には最新の結果)。

表 4-4：dedup コマンドの例

| コマンド | 結果 |
| --- | --- |
| dedup host | 各一意の host に対して、最初の結果を保持します。 |
| dedup 3 source | 各一意の source に対して、最初の 3 件の結果を保持します。 |
| dedup source sortby -delay | まず delay フィールドの降順にソートした後に、各一意の source の最初の結果を保持します。このように指定することで、各一意の source の、最大の遅延 (delay) 値を持つ結果を効率的に保持できます。 |
| dedup 3 source,host | 各一意の組み合わせの source および host 値に対して、最初の 3 件の結果を保持します。 |
| dedup source keepempty=true | 各一意の source の最初の結果、および source フィールドがない結果を保持します。 |

dedup 3 source ソースコマンドの処理概要を図 4-3 に示します。

図4-3：dedup コマンドの例

# キーポイント

- すべての結果を保持しながら、重複する値を除去する場合は、keepevents オプションを使用します。

- 指定したフィールド値の組み合わせを持つ最初の結果が返されます (一般的には最新の結果)。ソート順序を変更するには、sortby 句を使用します。

- デフォルトでは、指定したフィールドがすべて存在しないフィールドが保持されます。デフォルトの動作に優先する設定を行うには、keepnull=<true/false> オプションを使用します。

# head

head フィルタリングコマンドは、最初の数件の結果を返します。head コマンドを使用すると、目的の件数の結果が見つかったら、ディスクからのイベントの取得を中止することができます。

---

**先頭 (head) と末尾 (tail)**

head コマンドの反対になるのが tail コマンドです。このコマンドは、最初ではなく最後の結果を返します。結果は逆順に、最後から返されます。先頭と言うのは、イベントの入力順序から相対的なもので、一般的には時間の降順になります。たとえば、head 10 と指定すると、最新の10件のイベントが返されます。

---

表 4-5：head コマンドの例

| コマンド | 結果 |
|---|---|
| … \| head 5 | 最初の 5 件の結果を返します。 |
| … \| head (action="startup") | action フィールドに値「startup」がないイベントに到達するまで、先頭からイベントを返します。 |

表 4-5 の最初の例、head 5 の処理概要を図 4-4 に示します。

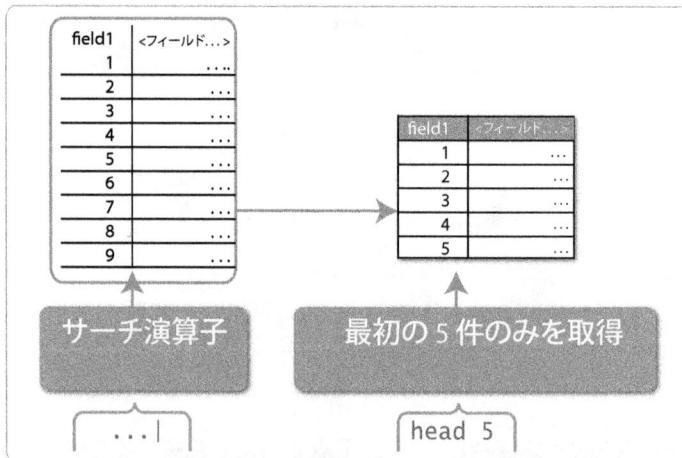

図4-4：head コマンドの例

# 結果のグループ化

`transaction` コマンドは、関連イベントをグループ化します。

## transaction

`transaction` コマンドは、さまざまな制約に合致するイベントをトランザクションにグループ化します。トランザクションは、単一または複数のソースからのイベントの集合体です。すべてのトランザクション定義制約を満たすイベントがグループ化されます。トランザクションは、各メンバーイベントの raw テキスト (_raw フィールド)、もっとも早いメンバーイベントのタイムスタンプ (_time フィールド)、各メンバーイベントのその他すべてのフィールドの集合体、および `duration` (期間) や `eventcount` (イベント数) などの、トランザクションを記述するいくつかの追加フィールドから成り立っています。

表 4-6：`transaction` コマンドの例

| コマンド | 結果 |
|---|---|
| `… \| transaction clientip maxpause=5s` | 同じクライアント IP アドレスを共有し、5 秒以上のギャップまたは停止がないイベントをグループ化します。 |
| | このコマンドでは、サーチ結果の host フィールドに複数の値が存在する場合があります。たとえば、同じ場所から複数のユーザーがサーバーにアクセスしているような場合は、単一の IP アドレスからのリクエストが複数のホストから来る可能性があります。 |
| `… \| transaction clientip host maxspan=30s maxpause=5s` | 最初のイベントと最後のイベントの間隔が 30 秒以内で、トランザクション内のイベントの発生間隔が 5 秒以内である、同じ一意の IP アドレスとホストの組み合わせを共有するイベントをグループ化します。 |
| | 最初の例とは対照的に、各結果イベントは時間制約に指定されている IP アドレス (clientip) とホストの一意の組み合わせ値を持ちます。そのため、単一のトランザクション内のイベントには、host または clientip アドレスが異なる値は存在していません。 |

| | |
|---|---|
| sourcetype=access*<br>action=purchase \|<br>transaction clientip<br>maxspan=10m maxevents=3 | action=purchase の値を持つ Web アクセスイベントを取得します。次に、同じ clientip 共有し、セッションが 10 分未満の最大 3 件のイベントが、transaction コマンドによりグループ化されます。 |
| … \| transaction JSES-<br>SIONID clientip<br>startswith="signon"<br>endswith="purchase" \|<br>where duration>=1 | 同じセッションID (JSESSIONID) を持ち、同じ IP アドレス (clientip) から到着した、最初のイベントに文字列「signon」が含まれており、最後のイベントに文字列「purchase」が含まれているイベントをグループ化します。<br><br>このサーチは、トランザクション内の最初のイベントを、文字列「signon」を含むイベントとして定義しています (startswith="signon" 引数)。同様にトランザクション内の最後のイベントを、endswith="purchase" 引数で定義しています。<br><br>この例では次にパイプ文字を使ってトランザクションを where コマンド渡しています。このコマンドは、duration フィールドを使って、1 秒以内に完了したイベントを除外しています。 |

表 4-6 の 2 番目の例、transaction clientip maxspan=30s maxpause=5s の処理概要を図 4-5 に示します。

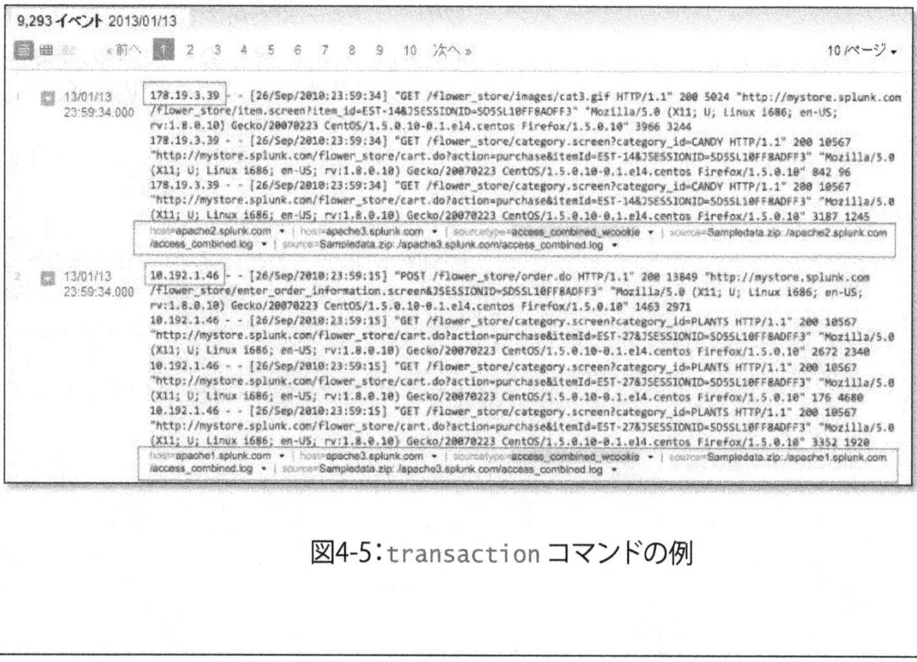

図4-5：transaction コマンドの例

## キーポイント

transaction コマンドの引数はすべて省略可能ですが、イベントをトランザクションにグループ化するために、いくつかの制約を定義する必要があります。

Splunk は、複数フィールドで定義されたトランザクションを、必ずしもそれらの論理積 (field1 AND field2 AND field3) または論理和 (field1 OR field2 OR field3) として解釈する訳ではありません。<フィールドリスト> 内のフィールド間に推移関係がある場合、transaction コマンドはそれを使用します。

たとえば、サーチ transaction host cookie を実行した場合、次のようなイベントが単一のトランザクションに分類されます。

```
event=1 host=a
event=2 host=a cookie=b
event=3 cookie=b
```

最初の 2 つのイベントは host=a が共通なため結合され、3 番目のイベントは 2 番目のイベントと cookie=b が共通なために結合されます。

transaction コマンドは次の 2 種類のフィールドを生成します。

* duration：トランザクション内の最初のイベントと最後のイベントのタイムスタンプの差。

* eventcount：トランザクション内のイベント数。

stats コマンド (後述) と transaction コマンドは両方ともイベントを集約するコマンドですが、両者には重要な違いがあります。

* stats：フィールドの値でグループ化されたイベントの統計値を算出します (その後イベントは破棄されます)。

* transaction：イベントをグループ化します。グループ化の方法、オリジナルのイベントからの、raw イベントテキストやその他のフィールド値の保持などのオプションを利用できます。

# 結果のレポート

このセクションでは、レポートコマンドの top、stats、chart、および timechart を取り上げています。

## top

top コマンドは指定されたフィールドのリストから、もっとも頻繁に値が登場している組と、その数および割合 (パーセント) を返します。オプションで追加フィールドの by 句を指定した場合、by 句で指定したフィールドの一意の値グループの最頻値が返されます。

## top の反対は rare

top コマンドの反対の働きをするのが rare コマンドです。フィールドでもっとも希な値 (もっとも登場する値ではなく) を知りたいこともあるでしょう。rare コマンドはそのような場合に最適のコマンドです。

表 4-7：top コマンドの例

| コマンド | 結果 |
|---|---|
| … \| top 20 url | 上位 20 件の頻繁に登場する URL を返します。 |
| … \| top 2 user by host | 各ホスト (host) に対して、上位 2 件のユーザー (user) 値を返します。 |
| … \| top user, host | 上位 10 件 (デフォルト) の、user-host の組み合わせを返します。 |

表 4-7 の 2 番目の例、top 2 user by host の処理概要を図 4-6 に示します。

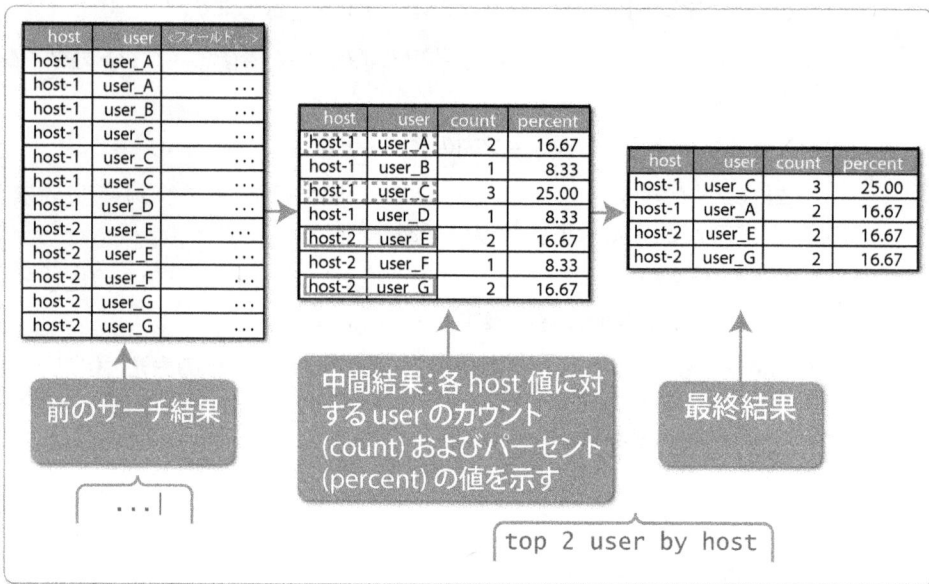

図4-6：top コマンドの例

# stats

stats コマンドは、SQL 集計のように、データセットの総統計を算出します。結果となる表には、受信結果セット全体の集計を表す 1 行、または指定した by 句のそれぞれの一意の値の行を入れることができます。

統計的計算用に、複数のコマンドが用意されています。stats、chart、および timechart コマンドはデータに対して同じ統計的計算を実行しますが、返される結果セットが少し異なります。結果の使用目的に応じて使用してください。

- stats コマンドは、各行が group-by フィールドの、単一で一意な値の組み合わせを表すテーブルを返します。

- chart コマンドも同じ結果テーブルを返しますが、任意のフィールドが行として追加されています。

- timechart コマンドは、同じ表形式の結果を返しますが、行に内部フィールドの _time が設定されており、結果の推移をグラフに表すことができます。

stats コマンドの使用例を表 4-8 に示します。

---

### 「as」の意味

注意：表 4-8 の一部のコマンドでは、キーワード as が使用されています。as は、フィールド名を変更するために使用されます。たとえば、sum(price) as "Revenue" は、すべての price フィールドを合計して、結果を表す列名を「Revenue」にすることを意味しています。

---

表 4-8：stats コマンドの例

| コマンド | 結果 |
|---|---|
| … \| stats dc(host) | 一意の host 値を返します。 |
| … \| stats avg(kbps) by host | 各ホストの平均転送レートを返します。 |
| … \| stats count(eval(method="GET")) as GET, count(eval(method="POST")) as POST by host | 各 Web サーバー (host) に対する、異なる種類のリクエスト数を返します。結果となるテーブルには、各ホストに対応する行と、GET および POST リクエストメソッド数に対応する列が含まれます。 |
| ...\| top limit=100 referer_domain \| stats sum(count) as total | referer_domain の上位 100 件の値から合計ヒット数を返します。 |
| … \| stats count, max(Magnitude), min(Magnitude), range(Magnitude), avg(Magnitude) by Region | USGS Earthquakes データを使って、各地域 (Region) の地震発生回数と他の統計情報を返します。 |

| ... \| stats values(product_type) as Type, values(product_name) as Name, sum(price) as "Revenue" by product_id \| rename product_id as "Product ID" \| eval Revenue="$ ".tostring(Revenue,"commas") | 店舗で販売された各商品 ID (product_id) の、種別 (Type)、名前 (Name) 、および収益 (Revenue) 列を持つテーブルを返します。また、Revenue の書式を「$123,456」のように設定します。 |

表 4-8 の 3 番目の例、ホスト当たりの GET および POST リクエスト数の取得の処理概要を図 4-7 に示します。

| host ⬍ | GET ⬍ | POST ⬍ |
|---|---|---|
| 1 apache1.splunk.com | 1152 | 169 |
| 2 apache2.splunk.com | 3771 | 154 |
| 3 apache3.splunk.com | 3855 | 176 |

図4-7：stats コマンドの例

stats コマンドで使用できる統計関数を表 4-9 に示します。(これらの関数は、後述する chart および timechart コマンドでも使用できます。)

表 4-9：stats の統計関数

| 数学的計算 | |
|---|---|
| avg(X) | フィールド X の平均値を返します。mean(X) も参照してください。 |
| count(X) | フィールド X の登場回数を返します。照合するフィールド値を示すには、X 引数を式として eval(field="value") の形式で指定してください。 |
| dc(X) | フィールド X の一意の値数を返します。 |
| max(X) | フィールド X の最大値を返します。値が数値ではない場合、辞書的に最大値が判断されます。 |
| median(X) | フィールド X の中央値を返します。 |
| min(X) | フィールド X の最小値を返します。値が数値ではない場合、辞書的に最小値が判断されます。 |
| mode(X) | フィールド X の最頻値を返します。 |
| perc<percent-num>(X) | フィールド X の <percent-num> 番目の値を返します。たとえば、perc5(total) と指定すると、total フィールドの 5 番目のパーセンタイル値が返されます。 |
| range(X) | フィールド X の最大値と最小値の差を返します (値が数値の場合)。 |

| stdev(X) | フィールド X の標本標準偏差を返します。フィールド名の指定にワイルドカードを使用できます。たとえば、「delay」および「xdelay」の両方に一致させる場合は、「*delay」と指定します。 |
|---|---|
| sum(X) | フィールド X の値の合計を返します。 |
| var(X) | フィールド X の標本分散を返します。 |
| **値の選択** | |
| first(X) | last(X) とは逆に、フィールド X の最初の値を返します。 |
| last(X) | first(X) とは逆に、フィールド X の最後の値を返します。一般的にフィールドの最後の値が時系列的にもっとも古い値になります。 |
| list(X) | フィールド X のすべての値のリストを、複数値エントリとして返します。値の順序は、入力イベントの順序と一致します。 |
| values(X) | フィールド X のすべての一意の値の、辞書順のリスト (複数値エントリ) を返します。 |
| **timechart のみ (chart または stats には適用不可)** | |
| per_day(X) | 日当たりのフィールド X のレートを返します。 |
| per_hour(X) | 時間当たりのフィールド X のレートを返します。 |
| per_minute(X) | 分当たりのフィールド X のレートを返します。 |
| per_second(X) | 年当たりのフィールド X のレートを返します。 |

**注意**：「**timechart のみ**」**カテゴリを除くすべての関数が、**chart、stats、**および** timechart **コマンドに適用できます。**

# chart

chart コマンドは、グラフの作成に適した表形式のデータ出力を作成します。X 軸変数は over または by を使って指定します。

chart コマンドの簡単な使用例を表 4-10 に示します。実用的な使用方法については、第 6 章を参照してください。

表 4-10：chart コマンドの例

| コマンド | 結果 |
|---|---|
| … \| chart max(delay) over host | host の各値の max(delay) を返します。 |
| … \| chart max(delay) by size bins=10 | 最大遅延 (delay) をサイズ (size) 別にグラフ化します。size は最大 10 個の等サイズのバケツに分けられます。 |
| … \| chart eval(avg(size)/ max(delay)) as ratio by host user | 一意の各ホスト (host) とユーザー (user) のペアに対して、最大遅延 (delay) に対する平均サイズ (size) の比率をグラフ化します。 |
| …\| chart dc(clientip) over date_hour by category_id usenull=f | カテゴリ別時間当たりの一意の clientip の値数をグラフ化します。usenull=f は、値のないフィールドを除外します。 |
| … \| chart count over Magnitude by Region useother=f | マグニチュード (Magnitude) および地域 (Region) 別に地震の発生回数をグラフ化します。希な Regions に対してその他 (other) の値を出力しない場合は、useother=f 引数を使用します。. |
| … \| chart count(eval(method="GET")) as GET, count(eval(method="POST")) as POST by host | 各 Web サーバー (host) に対して行われた GET および POST ページリクエスト数をグラフ化します。 |

表 4-10 の最後の例の実行結果を、図 4-8 (表形式の結果) および図 4-9 (対数スケールの横棒グラフ) に示します。

| | host ‡ | GET ‡ | POST ‡ |
|---|---|---|---|
| 1 | apache1.splunk.com | 1152 | 169 |
| 2 | apache2.splunk.com | 3771 | 154 |
| 3 | apache3.splunk.com | 3855 | 176 |

図4-8：chart コマンドの例—表形式の結果

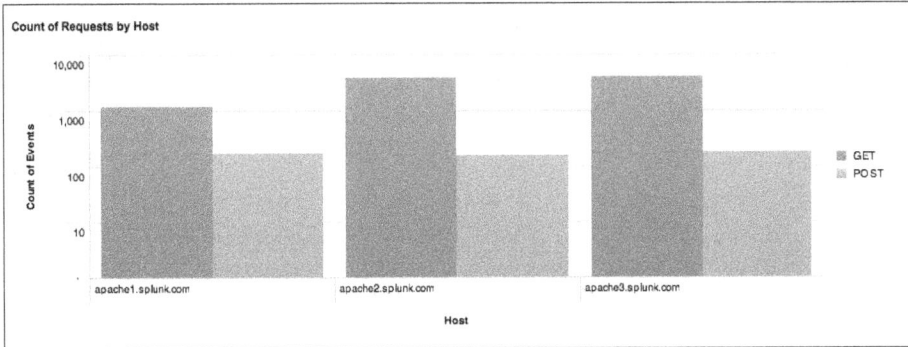

図4-9：chart コマンドの例—レポートビルダー形式のグラフ

# timechart

timechart コマンドは、X 軸を時間として、フィールドに統計的集計を適用したグラフを作成します。

timechart コマンドの簡単な使用例を表 4-11 に示します。第 6 章では、このコマンドの詳細な使用例を取り上げています。

表 4-11：timechart コマンドの例

| コマンド | 結果 |
|---|---|
| … \| timechart span=1m avg(CPU) by host | 各ホスト (host) に対して、CPU 使用率の毎分の平均値をグラフ化します。 |
| … \| timechart span=1d count by product-type | 各種類の商品の日次購入数をグラフ化します。span=1d 引数は、その週の購入数を日単位のバケツに分割します。 |
| …\| timechart avg(cpu_seconds) by host \| outlier | host 別の平均 cpu_seconds をグラフ化し、タイムチャートの Y 軸に悪影響を与える可能性がある異常値を削除します。 |
| …\| timechart per_hour(price) by product_name | 昨日に購入された商品の時間当たりの収益グラフ。per_hour() 関数は、各商品 (product_name) の料金 (price) フィールドの値を合計し、各バケツの期間に合わせてその合計を適切に調整します。 |

| ... \| timechart count(eval(method="GET")) as GET, count(eval(method="POST")) as POST | リクエストされたページ数の推移をグラフ化します。count() 関数と eval 式は、GET および POST の、異なるページリクエストメソッドをカウントするために用いられています。 |
| --- | --- |
| ... \| timechart per_hour(eval(method="GET")) as Views, per_hour(eval(action="purchase")) as Purchases | 電子商取引 Web サイトに対して、時間当たり (per_hour) の商品の参照数と購入数をグラフ化します。商品の参照が購入につながらなかった回数は?のような質問に対する回答が分かります。 |

表 4-11 の 4 番目の例、商品名別の時間当たりの収益グラフを、図 4-10 および図 4-11 に示します。

図4-10：timechart コマンドの例—表形式の結果

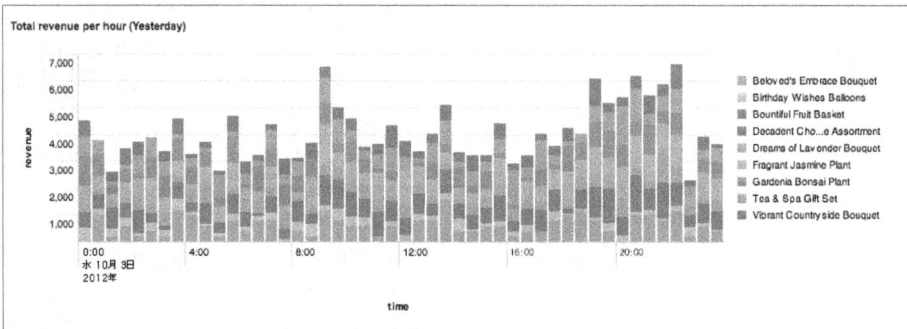

図4-11：timechart コマンドの例-書式設定されたタイムチャート

# フィールドのフィルタリング、変更、追加

これらのコマンドは、サーチ結果から目的のフィールドのみを取得するために役立ちます。fields コマンドを使って一部のフィールドを削除して、結果を簡素化することができます。replace コマンドを使って、フィールド値を特定のユーザーに

分かりやすいように変更することができます。また、`eval`、`rex`、および `lookup` などのコマンドを使って、新たなフィールドを追加する必要がある場合もあります。

- `eval` コマンドは、他のフィールドに基づいて新たなフィールドの値を数値的、連結、または論理式によって算出します。

- `rex` コマンドを利用して、正規表現で他のフィールドからデータパターンを抽出して、新たなフィールドを作成することができます。

- `lookup` コマンドは、イベントの値に基づいてルックアップテーブルを参照して、ルックアップテーブル内の一致する行のフィールドをイベントに追加します。

これらのコマンドを使って新しいフィールドを作成したり、既存のフィールドの値を上書きしたりできます。すべてはあなた次第です。

# fields

`fields` コマンドは、サーチ結果からフィールドを削除します。一般的なコマンドは表 4-6 に記載されています。

表 4-12：`fields` コマンドの例

| コマンド | 結果 |
|---|---|
| … \| fields - field1, field2 | サーチ結果から、field1 および field2 を削除します。 |
| … \| fields field1 field2 | field1 および field2 のみを保持します。 |
| … \| fields field1 error* | field1 および名前が error から始まるフィールドのみを保持します。 |
| … \| fields field1 field2 \| fields - _* | field1 および field2 のみを保持し、すべての内部フィールドを削除します（アンダースコアで始まるフィールド）。（注意：内部フィールドを削除すると、Splunk Web が結果を誤って表示し、他のサーチ上の問題が発生する可能性があります。） |

表 4-12 の最初の例、`fields - field1, field2` の処理概要を図 4-12 に示します。

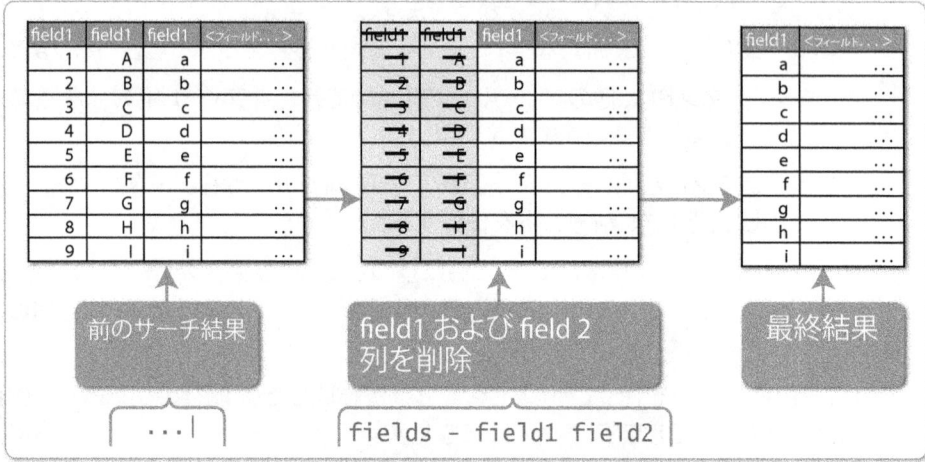

図4-12：fields コマンドの例

## キーポイント

アンダースコアから始まる内部フィールドは、明示的に指定されない限り fields コマンドの影響を受けません。

# replace

replace コマンドは、指定したフィールド値を置換値に変更するサーチ/置換を実行します。

サーチ/置換対象の値では、大文字と小文字が区別されます。

表 4-13：replace コマンドの例

| コマンド | 結果 |
|---|---|
| replace *localhost with loc-alhost in host | 「localhost」で終わるホスト (host) 値を「localhost」に変更します。 |
| replace 0 with Critical , 1 with Error in msg_level | msg_level の値 0 を Critical に、msg_level の値 1 を Error に変更します。 |
| replace aug with August in start_month end_month | aug の任意の start_month または end_month の値を August に変更します。 |
| replace 127.0.0.1 with local-host | すべてのフィールド値 127.0.0.1 を localhost に変更します。 |

表 4-13 の 2 番目の例、replace 0 with Critical , 1 の msg_level 内のエラー (Error) による処理概要を図 4-13 に示します。

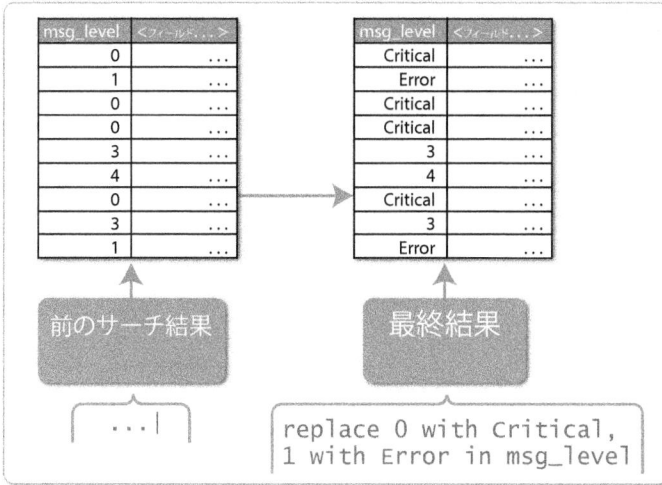

図4-13：replace コマンドの例

## eval

eval コマンドは式を計算して、結果値を新たなフィールドに配置します。eval および where コマンドは、同じ構文を使用しています。利用可能なすべての関数の例については、付録 E を参照してください。

表 4-14：eval コマンドの例

| コマンド | 結果 |
|---|---|
| … \| eval velocity=distance/time | 速度 (velocity) に距離/時間を設定します。 |
| … \| eval status = if(error == 200, "OK", "Error") | エラーが 200 の場合 status に OK を、それ以外の場合は Error を設定します。 |
| … \| eval sum_of_areas = pi() * pow(radius_a, 2) + pi() * pow(radius_b, 2) | sum_of_areas に、2 つの円領域の合計を設定します |

表 4-14 の最初の例、eval velocity=distance/time の処理概要を図 4-14 に示します。

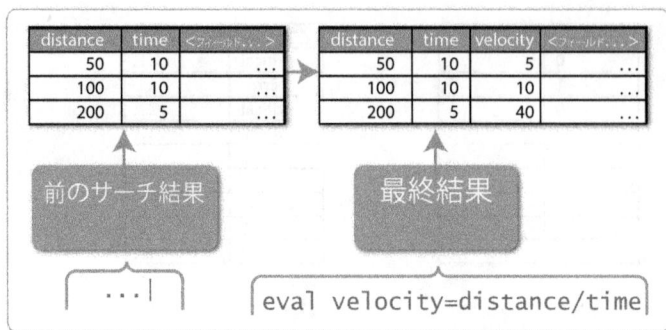

図4-14：eval コマンドの例

eval コマンドにより、新しい velocity フィールドが作成されます。(velocity フィールドが存在している場合は、eval コマンドによりその値が更新されます。) eval コマンドは、1 回に 1 つのフィールドのみを作成または上書きします。

## rex

rex コマンドは、指定した Perl 互換正規表現 (PCRE) に一致する値を持つフィールドを抽出します。(rex は正規表現 (regular expression) の省略形です。)

---

### 正規表現とは？

正規表現を「強化版のワイルドカード」と考えてみてください。「*.doc」や「*.xls」などの表現を見たことがあるでしょう。正規表現により、新たなレベルの機能と柔軟性を手に入れられます。正規表現をご存じの方は、この記事をご覧になっていないと思います。詳細は、http://www.regular-expressions.info をご覧ください。とても分かりやすく詳細に正規表現が説明されています。

---

表 4-15：rex コマンドの例

| コマンド | 結果 |
|---|---|
| … \| rex "From:(?<from>.*) To:(?<to>.*)" | 正規表現を使って from および to フィールドを抽出します。raw イベントに "From: Susan To: Bob" が含まれている場合、from=Susan および to=Bob になります。 |
| rex field=savedsearch_id (?<user>\w+);(?<app>\w+); (?<SavedSearchName>\w+) | savedsearch_id と言う名前のフィールドから、user、app、および SavedSearchName を抽出します。savedsearch_id = "bob;search;my_saved_search", の場合は、user=bob, app=search, および SavedSearchName=my_saved_search になります。 |

| | |
|---|---|
| rex mode=sed "s/(\\d{4}-){3}/<br>XXXX-XXXX-XXXX-/g" | sed 構文を使って正規表現を一連の数字と照合し、それを匿名文字列に置換します。 |

表 4-15 の最初の例、from および to の抽出の処理概要を図 4-15 に示します。

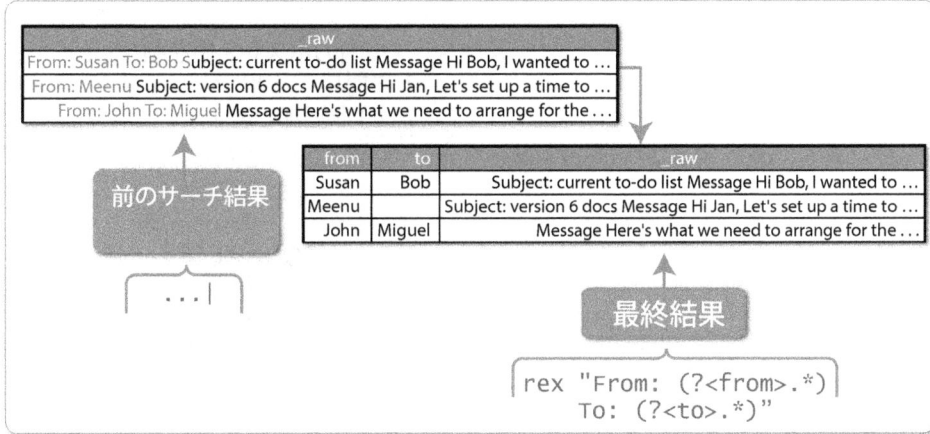

図4-15：rex コマンドの例

## lookup

lookup コマンドを利用して、ルックアップテーブルからのフィールドのルックアップを手動で開始することにより、外部ソースからフィールド値を追加することができます。たとえば、郵便番号が 5 桁の場合に番地をルックアップして、郵便番号＋ 4 桁の 9 桁のコードを適用できます。

表 4-16：コマンドの例

| コマンド | 結果 |
|---|---|
| … \| lookup usertogroup user as local_user OUTPUT group as user_group | transform.conf のスタンザ user-togroup に指定されている[1]、user および group フィールドを持つルックアップテーブルに対して、各イベントの local_user フィールドの値をルックアップします。一致するエントリに対して、ルックアップテーブルの group フィールドの値が、イベントの user_group フィールドに書き込まれます。 |

[1] [管理] » [ルックアップ] で、ルックアップテーブルを設定可能。

| | |
|---|---|
| `… \| lookup dnslookup host OUTPUT ip` | 名前が `dnslookup` のフィールドルックアップは、DNS ルックアップおよび逆引き DNS ルックアップを実行し、ホスト名または IP アドレスを引数として受け取る Python スクリプトを参照しています。これを使って、イベント内のホスト名値 (`host` フィールド) とテーブル内のホスト名値を照合し、イベントに対応する IP アドレス値 (`ip` フィールド) を追加します。 |
| `… \| lookup local=true user- ziplookup user as local_user OUTPUT zip as user_zip` | サーチヘッドにのみ存在しているローカルルックアップテーブルに対して、各イベントの `user` フィールドの値をルックアップします。一致するエントリに対しては、ルックアップテーブルの `zip` フィールドの値が、イベントの `user_zip` フィールドに書き込まれます。 |

表 4-16 の最初の例、`lookup usertogroup user as local_user OUTPUT group as user_group` の処理概要を図 4-16 に示します。

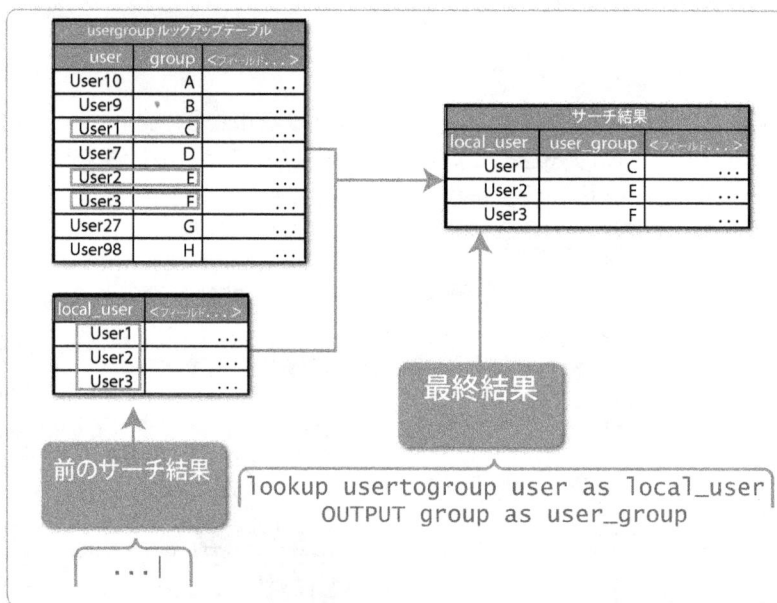

図4-16：`lookup` コマンドの例

この章では、SPL 内のコマンドを集中的に説明していきます。次の章では、タグやイベントタイプを使ったデータの強化、および特定のパターンを監視してアラートを生成する方法について説明していきます。

# 5 データの強化

データをより有益なものとするためには、ナレッジを追加してください。一体、これは何を意味するのでしょうか?Splunk にデータからのフィールドの抽出方法を指示する場合、まずそれらのフィールドの判別方法を定義して、データを分類するための知識 (ナレッジ) を Splunk に教えます。レポートやダッシュボードを保存すれば、データがより理解しやすくなります。アラートを作成すれば、潜在的な問題を積極的に検出することで、問題が発生した後に手作業で原因を探す手間を省けます。

この章では、次の 3 つの分野を取り上げていきます。

- **「Splunk を使ったデータの理解」**では、データを調査、分類、理解する方法について説明していきます。

- **「データの表示」**では、データのビジュアル化の基本について説明していきます。

- **「潜在的な問題に関するアラートの作成」**では、データの追跡と測定基準が閾値を超えた場合のアラートの送信方法について説明していきます。

## Splunk を使ったデータの理解

新たなマシンデータのソースを初めて見た場合、それは単なる難解で意味のない文字列のように感じることもあるでしょう。マシンデータを生成するシステムを理解すれば、それらのデータの意味も理解できるようになります。ただし、データセットを良く理解しているような場合でも、さらなるデータの調査を行うことで新たな知見が得られることがあります。

データに関する知見を得る最初のステップとして、Splunk を使ってデータ内のフィールドを識別します。このことは、パズル内のすべてのピースを調べて、まずそれぞれの形状を確認する作業にたとえることができます。次のステップでは、データを集計、レポートできるようにデータを分類していきます。これは、パズルの各ピースを端のピースと内部のピースに分類することにたとえられます。データとパズルのピースの対応を理解したら、Splunk によるデータの調査のイメージがより明確に把握できることでしょう。最後にイメージを完成させ (データを表示)、そこで分かった情報を他の人々と共有することができます。

# フィールドの識別：パズルのピースを調査

Splunk は、ソースタイプと呼ばれる、さまざまな種類の一般的なデータを認識できます。適切なソースタイプを設定すると、Splunk は事前設定を使ってフィールドの識別を試みます。たとえば、大部分の Web サーバーログはこの方法で利用できます。

ただし、マシンデータ内には隠れた属性が埋め込まれている場合もしばしばです。たとえば、製品カテゴリが URL の一部として含まれている場合があります。URL に特定の製品カテゴリが含まれているイベントを調査することで、サイトの各所の応答時間やエラー発生率、またはもっとも参照されている商品に関する情報を確認することができます。

## フィールドの自動検出

サーチを実行すると、Splunk はデータ内の共通のパターン (例：キーと値の間にある等号 (=) など) を判別して、フィールドを自動的に抽出します。たとえば、イベントに「… id=11 lname=smith … 」が含まれている場合、値がある id および lname フィールドが自動的に作成されます。また、第 2 章で述べたように、一部のフィールド (source、sourcetype、host、_time、および linecount など) は常に識別されます。

---

目的の情報が見つかりませんか？サーチを実行してください。デフォルトで、Splunk には一定数のフィールドのみが表示されます。他にも数百件ものフィールドが抽出されている可能性があります。それらをサーチして、先に表示されるようにしてください。

---

[**フィールド**] サイドバーの [**フィールド検出**] スイッチを使って、この機能をオン/オフにすることができます。選択フィールド (Splunk がデフォルトで選択したフィールドまたは自分で選択したフィールド) の一部が、Splunk が抽出したフィールドに続いて表示されていることにお気づきでしょうか、これは複数のイベントに存在しているためです。[**編集**] をクリックすると、選択したフィールドのグループに追加できる、その他のフィールドが表示されます。任意のフィールドをクリックすると、サーチ結果から抽出された上位の値が表示されます。

---

自動フィールド抽出の詳細は、http://splunk.com/goto/book#auto_fields をご覧ください。

---

## フィールド抽出の設定

フィールド抽出の設定は 2 種類方法で行えます。対話式フィールド抽出機能を使って自動設定を行うことも、手動で設定することも可能です。

## 対話式フィールド抽出

サーチ結果内の任意のイベントから、**イベントオプション**メニューの [**フィールドの抽出**] を選択して、**対話式フィールド抽出** (IFX) を開始できます。このメニューは、イベントリスト内のイベントの左側にある、下矢印をクリックすると表示されます (図 5-1 を参照)。

図5-1：**イベントオプション**メニューの [**フィールドの抽出**] を選択すると**対話式フィールド抽出**が開始される

IFX は、ブラウザの別のタブまたはウィンドウに表示されます。目的の値を入力すると (Web ログ内のクライアントの IP アドレスなど)、類似の値を抽出する正規表現が生成されます (この機能は正規表現が苦手な方に特に役立ちます)。抽出機能をテストして (目的のフィールドを正しく見つけられるかどうかを確認する)、それにフィールド名を付けて保存することができます。

---

対話式フィールド抽出の詳細は、http://splunk.com/goto/book#ifxをご覧ください。

---

## フィールド抽出の手動設定

[**管理**] » [**フィールド**] » [**フィールドの抽出**] から、正規表現を指定して手動でフィールドを抽出することができます。これは、より柔軟で高度なフィールド抽出方法です。

---

正規表現の指定方法の詳細は、http://splunk.com/goto/book#config_fields をご覧ください。

---

# サーチ言語による抽出

サーチコマンドを使ってフィールドを抽出することも可能です。データの抽出にもっとも一般的に利用されるコマンドは、前の章で説明した rex コマンドです。このコマンドは、指定された正規表現に一致するフィールドを抽出します。

使用するコマンドは、抽出するフィールドのデータの性質によって異なります。複数行の表形式イベント (コマンドライン出力など) からフィールドを抽出する場合は multikv を、XML や JSON データから抽出する場合は spath または xmlkv を使用します。

フィールドの抽出に使用するコマンドの詳細は、http://splunk.com/goto/book#search_fields をご覧ください。

## データの調査と理解

フィールドの抽出後は、データの調査を開始することができます。先ほどのパズルにたとえると、ピースに特定の法則やパターンがないかどうかを確認していきます。パズルの周辺部のピースは何で判断できるでしょうか?それ以外にピースを分類する手段はないでしょうか?形状や色はどうでしょう?

**サーチダッシュボード**の [**フィールド**] サイドバーには、各フィールドに関する情報が表示されています。

* フィールド名の左側の文字で示される、フィールドの基本的なデータ型 (文字列は「a」、数値は「#」)。

* イベントリスト内のフィールドの発生回数 (フィールド名の隣の括弧)。

[**フィールド**] サイドバーのフィールド名をクリックすると、そのフィールドのサマリー情報 (上位の値や他のグラフへのリンクなど) が表示されます。

図5-2:[**フィールド**] サイドバーのフィールド名をクリックするとフィールドサマリーが表示される

イベントリストを絞り込んで、フィールドに値があるイベントのみを表示することもできます。

# top を使ったデータの調査

top コマンドを使用して、もっとも多く存在しているフィールド値を確認できます（デフォルトでは上位 10 件を表示）。top コマンドを利用すれば、以下のような疑問への回答を得ることができます。

- サイトでよく参照されているページ上位 10 件は？

  ```
  sourcetype="access*" | top uri
  ```

- 各ホストで上位に位置しているユーザーは？

  ```
  sourcetype="access*" | top user by host
  ```

- ソースと宛先 IP の組み合わせで上位 50 件は？

  ```
  …| top limit=50 src_ip, dest_ip
  ```

# stats を使ったデータの調査

stats コマンドを使用して、データのさまざまな統計情報を確認することができます。簡単な使用例を以下に示します。

- 503 応答エラー[2]がどれだけ発生しているのか？

  ```
  sourcetype="access*" status=503 | stats count
  ```

- 各ホストの秒当たりの平均キロバイト数は？

  ```
  sourcetype="access*" | stats avg(kbps) by host
  ```

- 昨日、花を購入した顧客数は？stats dc (一意のカウント) を使って、各 IP アドレスが 1 回のみカウントされるようにします。

  ```
  sourcetype="access*" action=purchase category_id=flowers |
  stats dc(clientip)
  ```

- サーバーが Web リクエストへの応答にかかった時間の 95 番目のパーセンタイルは？

  ```
  sourcetype="access*" | stats perc95(spent)
  ```

## スパークラインの追加

Splunk 4.3 の場合、表形式の結果にスパークラインと呼ばれる単純な折れ線グラフを追加することができます。スパークラインを利用すれば、別個に折れ線グラフを作成せずに、手軽にデータのパターンをビジュアル化することができます。

たとえば、このサーチはスパークラインを使って各ホストのイベント数の推移を表しています。

```
* | stats sparkline count by host
```

---

[2]  Web サーバーログ内のステータス 503 は、サーバー側のエラーです。Web サーバーは「service unavailable」メッセージを返しています。これは、誰かがサイトを訪れたけれども、利用できなかったことを表しています。これらのエラーが引き続き表示される場合は、行われている操作に注目してみましょう。

テーブルにスパークラインを表示した例を図 5-3 に示します。

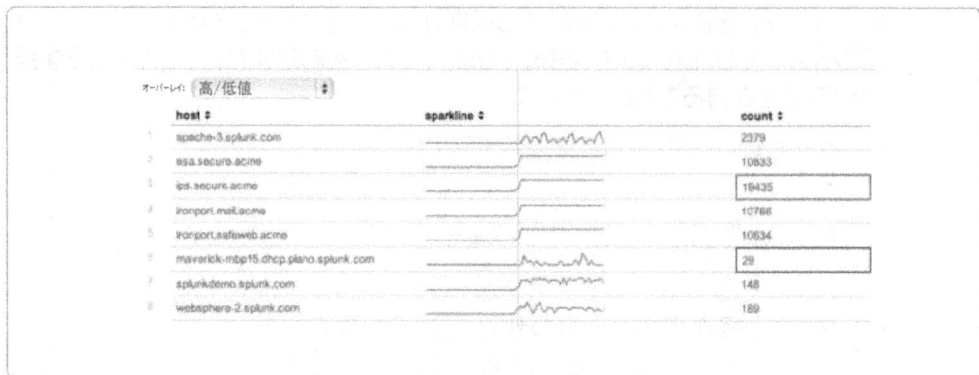

図5-3：イベントテーブル内のデータパターンを表すスパークライン

スパークラインの使用方法を表す、いくつかのコマンド例を以下に示します。

- ステータスとカテゴリの組み合わせに対するイベント数の推移は？

```
sourcetype="access*" | stats sparkline count by status,
category_id
```

- 各製品カテゴリの平均応答時間の推移は？

```
sourcetype="access*" | stats sparkline(avg(spent)) by cat-
egory_id
```

異なるデータセットを使って (地震のマグニチュードデータ)、地域別の 6 時間の地震のマグニチュードの推移を確認してみましょう (発生回数が多い地域を先に表示)。[3]

```
source=eqs7day-M2.5.csv | stats sparkline(avg(Magnitude),6h)
as magnitude_trend, count, avg(Magnitude) by Region | sort
count
```

# レポートと集計の準備

フィールドを識別してデータを調査したら、それに基づいて何が発生しているのかを調査していきます。データをカテゴリにグループ化することにより、それらのカテゴリをサーチ、レポート、アラートすることができます。

ここで取り上げるカテゴリは、ユーザーが定義するカテゴリのことです。あなたは自分のデータを理解しており、データから何を得たいのかはあなた自身が知っています。Splunk を使用すれば、好きなようにデータを分類することができます。

データを分類するための主な手段としては、タグとイベントタイプが挙げられます。

---

[3]　これは単なる例ですが、http://earthquake.usgs.gov/earthquakes/cata-logs/ から実際のデータをダウンロードして利用することも可能です。

# タグの設定

タグを利用すれば、手軽にフィールド値にラベルを設定することができます。ホスト名 `bdgpu-login-01` が分かりにくい場合は、分かりやすくするために `au-thentication_server` のようなタグを設定します。UI に異常値が表示されており、それを後で再び詳細に調査したい場合は、たとえば「`follow_up`」のようなラベルを付けます。

イベントリスト内のフィールド値にタグを設定するには、目的のタグのフィールド値の隣にある下矢印をクリックします (図5-4 を参照)。

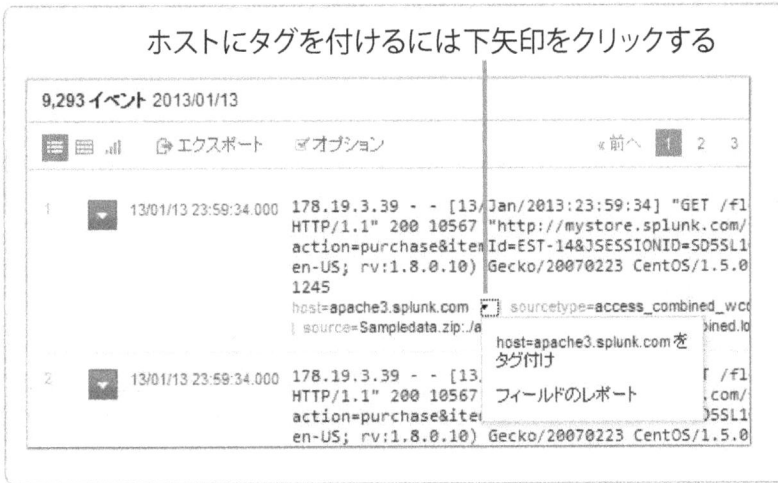

図5-4：ホストへのタグの設定

すべてのタグは、**[管理]** » **[タグ]** から管理できます。

さまざまなホスト値に、`webserver`、`database_server` などのようなタグを設定した場合を考えてみましょう。これらのカスタムタグを使って、データを柔軟にレポートすることができます。ここで再び、データの調査方法を決定します。たとえば、各種ホストタイプの動作状況の推移を比較する場合は、次のようなサーチを実行します。

```
... | timechart avg(delay) by tag::host
```

---

### レポートおよび否定サーチの活用

データの調査を開始した時点から、レポートについて考慮する必要があります。データの何を知りたいですか？何をお探しですか？目的の情報を手軽に把握できるように、どのようなデータの「ノイズ」を除去すれば良いのでしょうか？

この目的を達成するために、Splunk が得意とする機能、否定サーチについて説明していきます。他にこの機能を利用できるデータ分析ソフトウェアはほとんどありません。

---

否定命題を証明することはできないとよく言われています。あちこちを探し回って、そこに捜し物はないと言うことはできません。Splunk を利用すれば、否定サーチを実行できます。ぜひこの機能をご活用ください。ログファイルおよび他の多くの種類のデータで何が起きているのかを把握するのが困難な理由は、マシンデータにはよくあることですが、データの大半が同じだからです。Splunk を利用すれば、不要なデータをあるカテゴリに分類して、普段と違いがある異常なデータのみを表示することができます。まだ見たことがないデータのみを表示させられます。一部のセキュリティの専門家は、ここで説明している方法で Splunk を活用し、たとえば不正アクセスなどの徴候を示す異常なイベントを判別しています。すでにそのイベントを見たことがある場合は、それにタグを付けてサーチから除外します。このような作業をしばらく繰り返せば、何らかの異常事態が発生すると、それが即座に分かるようになります。

## イベントタイプ

Splunk でサーチを実行する場合、まずイベントの取得を開始します。特定の種類 (イベントタイプ) のイベントをサーチすることで、暗黙的にそれらのイベントを探索することになります。特定の種類のイベントを探していると言うことができるでしょう。これが、イベントタイプの使用方法です。イベントタイプを使って、イベントを分類することができます。

イベントタイプと強力な search コマンドにより、論理式、ワイルドカード、フィールド値、フレーズなどを活用して、簡単にイベントを分類することができます。このように、イベントタイプはフィールド値に限定されるタグよりも強力な機能です。ただし、タグと同様に、データの分類方法はすべてあなた次第です。

イベントタイプを作成して、顧客の購入場所、システムのクラッシュ日時、発生したエラー条件の種類などのイベントを分類することができます。

これが、イベントについて知っておく必要があるすべてです。

イベントタイプを定義するサーチの基本規則を以下に示します。

- パイプは使用しません。イベントタイプの作成に使用するサーチには、パイプ文字を使用できません (暗黙の search コマンド以外のサーチコマンドは使用できない)。

- サブサーチは使用しません。第 3 章の最後では、車輪の中の車輪、サブサーチについて簡単に説明しました。ただし、イベントタイプの作成にサブサーチは使用できないことに注意してください。

簡単な例を以下に示します。Web サイトを改善するための調査の一環として、status フィールドに基づく 4 つのイベントタイプを作成します。

- status="2*" は、success (成功) と定義します。

- status="3*" は、redirect (リダイレクト) と定義します。

- status="4*" は、client_error (クライアントのエラー) と定義します。

- status="5*" は、server_error (サーバーのエラー) と定義します。

上記のイベントタイプ success を作成するには、以下のようなサーチを実行します。

```
sourcetype="access*" status="2*"
```

次に、**[作成]»[イベントタイプ]** を選択します。**[イベントタイプとして保存]** ダイアログボックスが表示されます。ここでは、イベントタイプ名を指定して、必要に応じてタグを割り当てます。作業が完了したら、**[保存]** をクリックします。

---

サーチ結果に一致するイベントタイプを表示するには、**[フィールド]** サイドバーの **[イベントタイプ]** をクリックします。この複数値フィールドは、イベントリスト内のイベントに対するすべてのイベントを表しています。

---

同じ方法で、他の 3 つのイベントタイプも作成します。次に、stats count を実行して、分布を見てみましょう。

```
sourcetype="access*"| stats count by eventtype
```

図 5-5 のような結果が表示されます。

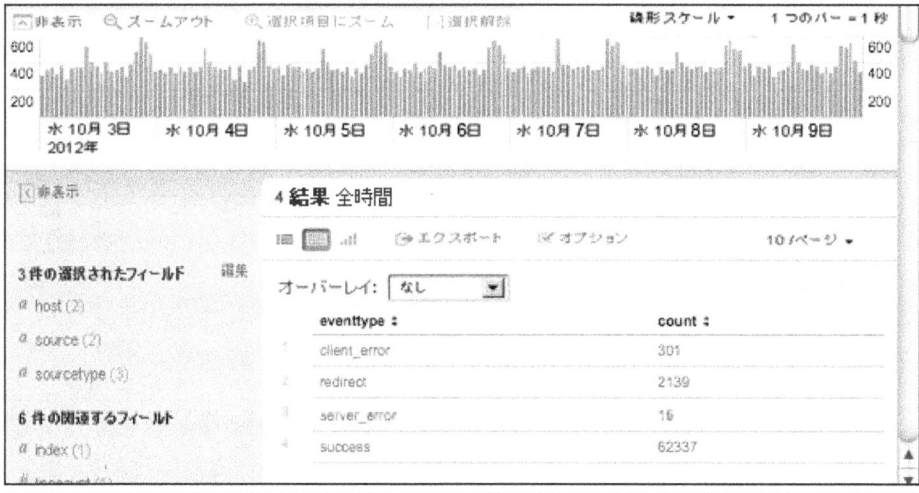

図5-5：イベントタイプ別のイベント明細

イベントタイプが server_error のイベントは比較的少ないですが、さらに詳細な調査を行って何らかのパターンや共通点がないかどうかを確認していきます。

server_error をクリックすると、そのイベントタイプのイベントのみにドリルダ

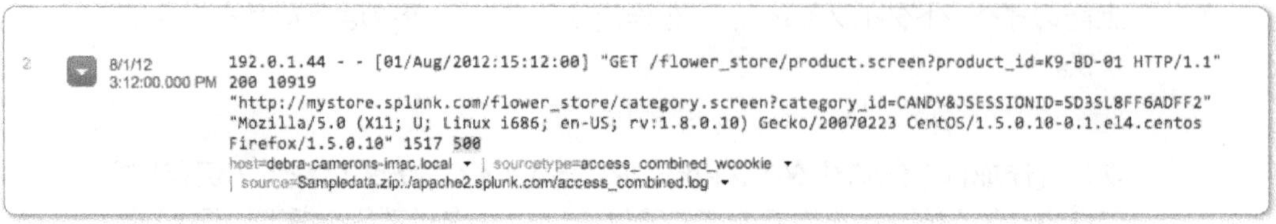

```
2    8/1/12          192.0.1.44 - - [01/Aug/2012:15:12:00] "GET /flower_store/product.screen?product_id=K9-BD-01 HTTP/1.1"
     3:12:00.000 PM  200 10919
                     "http://mystore.splunk.com/flower_store/category.screen?category_id=CANDY&JSESSIONID=SD3SL8FF6ADFF2"
                     "Mozilla/5.0 (X11; U; Linux i686; en-US; rv:1.8.0.10) Gecko/20070223 CentOS/1.5.0.10-0.1.el4.centos
                     Firefox/1.5.0.10" 1517 500
                     host=debra-camerons-imac.local ▾  |  sourcetype=access_combined_wcookie ▾
                     | source=Sampledata.zip:/apache2.splunk.com/access_combined.log ▾
```

ウンします。図 5-6 のような、15 件のイベントが表示されます。

図5-6：サーバーエラーのイベント

一般的に server_error イベントは、面倒な事態の発生を表しています。サーバーが利用不可能状態の時に、ユーザーが何か商品の購入を試みています。つまり、我々にとっては利益の喪失を意味しているのです！問題のサーバーの管理者に報告して、問題の解決を依頼しましょう。

**イベントタイプのネスティング**

全般的なイベントタイプ上に、さらに特定のイベントを指すイベントタイプを作成できます。他のイベントタイプを基盤にして、新たなイベントタイプ web_error を作成できます。

eventtype=client_error OR eventtype=server_error

もちろんこの方法は、情報を見過ごしたり、誤って循環定義を作成してしまう危険性があるため、慎重に使用する必要があります。

# イベントタイプのタグ付け

イベントタイプにはタグを付けることができます (また、任意のフィールド値を指定できます)。たとえば、すべてのエラーイベントタイプにタグ error を設定することができます。次に、そのイベントタイプに関連するエラーの種類を示すより詳細なタグを追加できます。エラーは、潜在的な問題を早期に警告するエラー、ユーザーに影響する機能停止、および深刻な障害を示すエラーの 3 種類に分類できます。次にそれらのエラーイベントタイプに対して、さらなる詳細を表す early_warning (早期警告)、user_impact (ユーザーに影響)、または red_alert (深刻) などのタグを設定し、それらを別個にレポートすることができます。

イベントタイプとタグを使用することにより、マシンデータの詳細なイベントから高レベルのモデルの構築を開始することができます。一般的に、これは反復的なプロセスとなります。まずはいくつかのフィールドにタグを付けて、それらを監視とアラートに利用します。その後、より複雑な分類を行うために、その他いくつかのイベントタイプを作成していきます。下位レベルのイベントタイプを参照する、上位レベルのイベントタイプを作成することもできます。次にイベントタイプにタグを追加して、複数のカテゴリをまとめることができます。このような作業で、ご自分のニーズに合わせたデータの編成およびラベル付けの方法を Splunk に指示することで、ナレッジを追加することになります。

前に、否定サーチについて簡単に説明しました。特に参照する必要がないすべてのイベントタイプにタグ normal を設定しておけば、normal のタグが付いていないイベントをサーチすることができます。このような方法で、異常なイベントを発見することができます。

```
NOT tag::eventtype=normal
```

# データのビジュアル化

これまでに、データをビジュアル化する方法をいくつか紹介してきました。

- [**フィールド**] サイドバーのフィールド名をクリックして、フィールドに関する簡単な画像を表示する。

- top および stats サーチコマンドを使用する。

- スパークラインを使って、イベントテーブルの結果内に視覚エフェクトを表示する。

ここでは、データをビジュアル化するための、グラフとダッシュボードの作成方法について説明していきます。

# 視覚エフェクトの作成

データテーブルを調査する際には、何か興味のある情報を探します。同じデータをグラフに変換すると、それ以外では分からなかった新たなレベルの情報が出現する可能性があります。

データのグラフを作成するには、サーチ実行後に [**作成**] » [**レポート**] を選択します。代わりに、Splunk 4.3 では、結果領域の [**結果グラフ**] アイコンをクリックして、結果のグラフを表示することもできます。

Splunk には、縦棒、折れ線、面、横棒、円、および散布図などの、多彩な種類のグラフが用意されています。

404 エラーの影響をもっとも受ける製品カテゴリは？このサーチは、各 **category_id** のイベント数を算出して、図 5-7 のような円グラフを生成します。

```
sourcetype="access*" status="404" | stats count by category_id
```

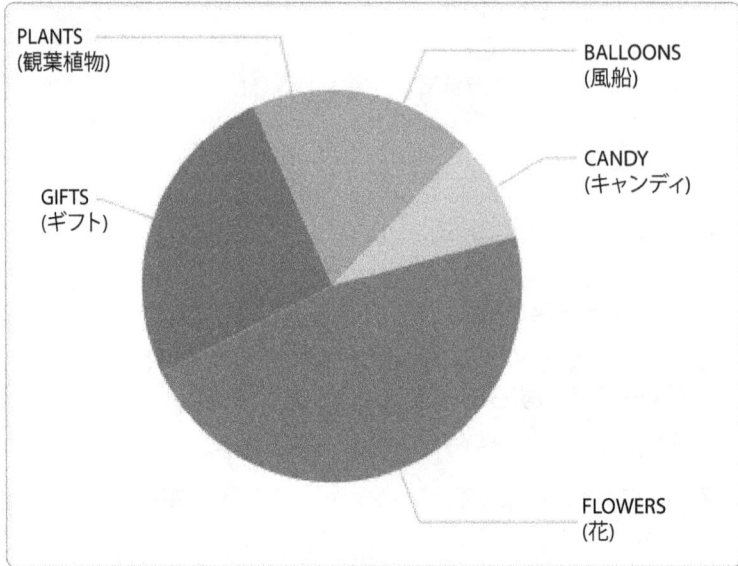

図5-7：商品カテゴリでは見つからないページ

花とギフトがもっとも収益が高い商品だとすれば、間違った URL に対するリダイ
レクトをいくつか追加した方が良いでしょう (誤ったリンクを修正して、自社のペ
ージを参照させる)。

Splunk の任意の画像上にマウスカーソルを移動すると、画像上のその部分のデータの
詳細な情報が表示されます。図 5-8 を参照してください。

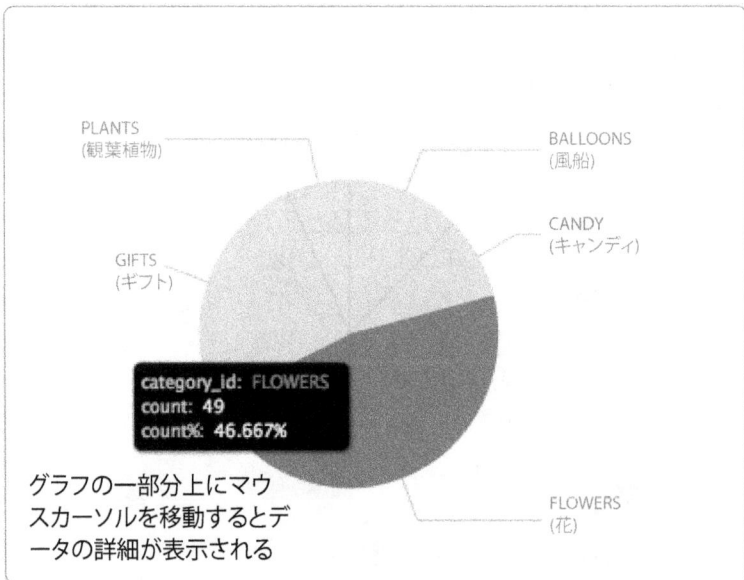

category_id: FLOWERS
count: 49
count%: 46.667%

グラフの一部分上にマウ
スカーソルを移動するとデ
ータの詳細が表示される

図5-8：画像の一部分上にカーソルを移動するとデータの詳細が表示される

# ダッシュボードの作成

監視のために Splunk を使用する場合、一般的にはいくつかの視覚エフェクトを記載したダッシュボードを使用します。ダッシュボードは、グラフ、ゲージ、テーブル、またはリストなどの、サーチ結果 (注目するデータ) を表すレポートパネルから構成されています。

ダッシュボードの設計時には、「これらのグラフの中でどれを最初に表示するか？エンドユーザーがもっとも必要とするのはどれか？事業担当者が参照したい情報は何か？」などの事項を検討します。それぞれのユーザーによって、必要なダッシュボードは異なります。

次に、「このダッシュボードに注目すると、どのような疑問が出てくるのか？」を検討します。Splunk では、単純にグラフをクリックするだけで、グラフのさまざまな情報にドリルダウンすることができます。(熟練したユーザーはドリルダウン操作を明示的に指定することができますが、それは本書の対象外です。)

基本的には、どのようなレベルのユーザーでも、単純な視覚エフェクトがもっとも一般的です。より高度で詳細なダッシュボードを作成することも可能ですが、単純で高レベルのビューを作成するように心がけてください。

ダッシュボードの例を図 5-9 に示します。

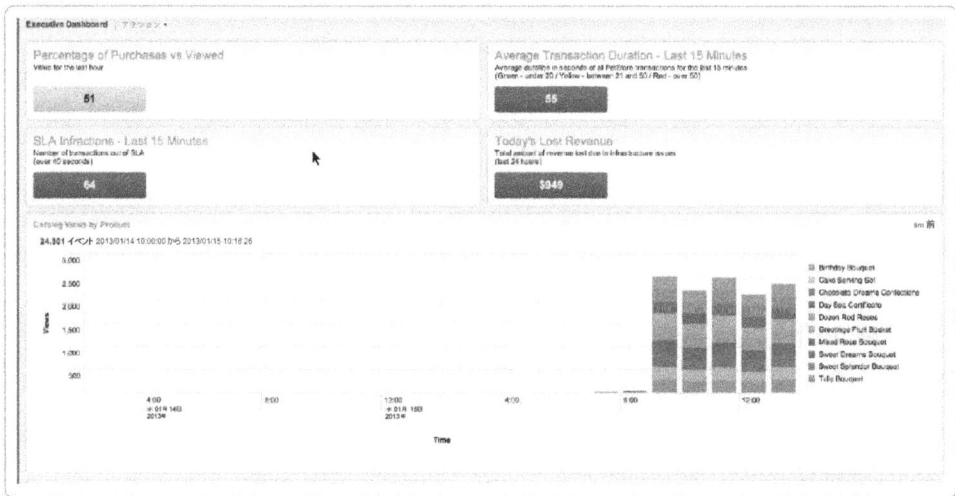

図5-9：ダッシュボード

ダッシュボードを作成する最適な方法は、各パネルをトップダウンではなくボトムアップ方式で作成することです。まずは Splunk のグラフ作成機能を使用して、重要な徴候をさまざまな方法で表示します。システムのさまざまな健康状態を表す個別のグラフを作成したら、それをダッシュボードに配置します。

## ダッシュボードの作成

Splunk 4.3 でダッシュボードを作成してレポート、グラフ、またはサーチ結果を追加するには:

1. ダッシュボードのレポートを生成するサーチを実行します。

2. **[作成]** » **[ダッシュボードパネル** を選択します。

3. 名前を指定して、**[次へ]** をクリックします。

4. このレポートを新しいダッシュボードに配置するか、または既存のダッシュボードに配置するかを決定します。新しいダッシュボードを作成する場合は、その名前を指定します。**[次へ]** をクリックします。

5. ダッシュボードのタイトルと視覚エフェクト (テーブル、横棒、円、ゲージなど)、およびパネルのレポートの実行時期 (ダッシュボードの表示時に毎回、または定期的なスケジュールで) を指定します。

6. **[次へ]** をクリックして、次に **[ダッシュボードの表示]** リンクまたは **[OK]** をクリックします。

## ダッシュボードの表示

任意の時点で、ページの上部にある **[ダッシュボードとビュー]** メニューから、ダッシュボードを選択して表示することができます。

## ダッシュボードの編集

ダッシュボードの表示時に、**編集**モードセレクタの **[オン]** をクリックした後、編集するパネルの **[編集]** メニューをクリックして、編集作業を行えます。そこから、レポートを生成するサーチや使用する視覚エフェクトを編集したり、パネルを削除したりできます。

# アラートの作成

アラートとは何でしょうか?アラートは、スケジュールに従って評価される「if-then」文と考えることができます。

「このような事態が発生したら (if)、それに応じて (then) 次の作業を行う。」ことを示します。

ここで「if」がサーチになります。「then」は、「if」の条件が満たされた時に、それに応じて実行する作業になります。

もう少し厳密に言うと、アラートは定期的に実行されて、サーチ結果の条件が評価されるサーチです。条件を満たすと、何らかのアクションが実行されます。

# ウィザードを使ったアラートの作成

アラートを作成するには、まずアラートを生成するサーチ条件を定義します。アラートの作成時に Splunk はサーチバー内にあるサーチを保存済みサーチとして

利用します。これがアラートの基盤となります (「if-then」の「if」部)。

**サーチバー**に適切なサーチを入力した状態で、**[作成] » [アラート]** を選択します。アラートを手軽に作成できるウィザードが開始されます。

## アラートのスケジュール

**[アラートの作成]** ダイアログボックスの **[スケジュール]** 画面で、アラート名およびその実行方法を指定します。

サーチをリアルタイムに実行して、またはサーチをスケジュールに従って定期的に実行して、条件を監視することができます。また、ローリングウィンドウを使ってリアルタイムに監視することも可能です。

これらの 3 種類のオプションの使用例を説明していきます。

*   条件の発生時に常にアラートを通知する場合は、リアルタイムに監視を行います。

*   さほど重要ではないけれども、一応は知っておく必要がある情報を監視するには、スケジュールに従って定期的にサーチを実行します。

*   一定期間内に発生している事象の数を知りたい場合は、リアルタイムのローリングウィンドウを使ってサーチを実行します (この方法は、上記の 2 つのオプションのハイブリッド型です)。たとえば、5 分間のローリングウィンドウ内に 404 エラーが 20 件以上発生した場合にアラートを生成します。

スケジュールに従って、またはローリングウィンドウを使って監視する場合は、時間間隔とアラートを生成する契機となる結果数も指定する必要があります。また、条件を満たした場合にサーチを実行する、独自の条件 (カスタム条件) を指定することもできます。カスタム条件は、この章の後半で説明していきます。

図5-10：アラートのスケジュール

次のステップでは、制限を設定し、アラート生成時に何を行うのかを指定します。

## アクションの指定

アラート条件を満たした場合に、何を実行する必要がありますか? [**アラートの作成**] ダイアログの [**アクション**] 画面では、実行するアクション (メール送信、スクリプトの実行、アラート管理へのアラートの表示など) を指定します。

図 5-11 で、ユーザーは上記のすべてのアクションを選択し、ここで利用できるすべてのオプションが分かるようになっています。

図5-11:ウィザードの [アクション] 画面

- **メール送信**。メールには以下のオプションがあります。

  ◊ 電子メールアドレス：最低 1 つのアドレスを入力してください。

  ◊ 件名；デフォルトの「Splunk アラート：アラート名」のままでも構いません。アラート名は、$name$ で代替されます。(つまり、件名を「$name$ が発生しました！」などのように変更できます。)

  ◊ アラート生成の契機となった結果を含めます：このチェックボックスを選択すると、結果を CSV 形式の添付ファイルとして、または [**インライン**] を選択してメールの本文に記載して送信することができます。

- **スクリプトを実行**。スクリプト名を指定します。スクリプトは Splunk のホームディレクトリ内の /bin/scripts または App の /bin/scripts 内に配置する必要があります。

- **生成されたアラートをアラート管理に表示**。このオプションを表示するには、UI の右上にある [**アラート**] をクリックします。

アクションを選択したら (複数を選択することも可能)、その他のオプションを指定することができます。

- 重大度を設定します。重大度は、アラートを分類するために利用できる参考情報です。レベルには、情報、低、中、高、致命的があります。**アラート管理**には、重大度が表示されます。

- すべての結果または各結果に対してアクションを実行します。これは、サーチ条件を満たす一連の結果グループに対してアクション (メール送信など) を実行するか、または個別の結果に対してアクションを実行するのかを示しています。デフォルトは、[すべての結果] です。

- 抑制：アラートは、必要な事項を必要な時期に通知する場合にのみ効果的と言えます。アラートが多すぎると、それらは無視されることでしょう。アラートが少なすぎると、何が起きているのかを把握することができません。このオプションは、あるアラートの生成後に、そのアラートに関連するアクションの実行を抑制する時間を示します。ローリングウィンドウを使用する場合、ウィザードのデフォルトではそのウィンドウの期間と一致する抑制時間が適用されます。その他の抑制オプションは、この章の後半で説明していきます。

[**次へ**] をクリックしたら、最後のステップではアラートをプライベートにするか、または現在の App のユーザーと読み取り専用アクセス権で共有するかを指定します。[**完了**] をクリックして、アラートの作成を完了します。

## Splunk 管理を使ったアラートのチューニング

一般的に、アラートに適切な制限値を設定するには、試行錯誤を繰り返す必要があります。さほど重要ではないアラートが大量に生成されたり、重要なアラートがほとんど生成されなかったりすることを防止するために、適切な調節作業が必要なこともあります。たとえば、1 つだけ突出した値があってもアラートを生成せずに、上限値の 10% 以内の値が 10 個以上発生した場合にのみアラートを生成するように制限値をチューニングします。

ウィザードを利用すれば簡単にアラートを作成できますが、Splunk 管理を利用すればアラートをチューニングするために、より多くのオプションを設定することができます。

アラートの基盤になっているのは保存済みサーチであることに注意してください。つまり、アラートの編集は保存済みサーチの編集と同じように行います。アラートを編集するには、[**管理**] を選択して、次に [**サーチとレポート**] を選択します。

リストから保存済みサーチを選択すると、そのパラメータが表示されます。

## アラート条件の設定

アラートを If-Then 文と考えると、Splunk 管理でアラートを編集することで、より柔軟な If 部を作成することができます。以下のような場合にアラートを生成するように設定することができます。

- 常時
- イベント数、ホスト数、ソース数に基づく
- カスタム条件

ウィザードでは、イベント数に基づいてアラートを生成することができますが、ここではホスト数またはソース数に基づいてアラートを生成することができます。ホスト数について考えてみましょう。クラスタ内の 1 台の Web サーバーがサーバー利用不可状態 (server unavailable) になったことを知らせるメッセージが表示されることと、突然多数のサーバーがサーバー利用不可状態になったことを知らせるメッセージが表示されることはまったく別物です。明らかに突出値が存在しており、サーバーがトラフィックの処理に対応できていません。

この画面では、アラートの閾値をより柔軟に定義することができます。

- より大きい
- より小さい
- 等しい
- 等しくない
- 増加
- 減少

最初の 4 つのオプションは、ウィザードに表示されていますが、ここでは値がある値または割合 (50% など) を超えたまたは下回った場合に通知するオプションが追加されています。[増加] および [減少] オプションにより、相対条件によるアラートを効果的に設定することができます (しばしば絶対値ではない条件を設定したいことがあります)。[増加] および [減少] オプションは、リアルタイムサーチを使用する条件には利用できません。

## カスタム条件の設定

UI を利用すれば大半の一般的なアラート条件を柔軟に設定できますが、カスタム条件を利用すれば自在に条件を設定することができます。

カスタム条件は、アラートのメインサーチの結果に対するサーチです。任意の結果が返された場合、その条件は真となりアラートが生成されます。

たとえば、ホスト停止時には毎回アラートを通知するけれども、定期メンテナンスを行っているホストを除外することができます。そのためには、停止しているすべてのホストを検出するメインサーチ、および定期的なメンテナンスのために「誤判定」されるホストを除外するカスタム条件を作成します。このようにすることで、予期しない原因で停止したホストに対するアラートのみを通知することができます。

## アラートの抑制

Splunk では、何らかの意味のある事象のみを通知するようにアラートを調節できます。何らかの重要な事象を知らせるメッセージはとても役立ちます。一方、通知条件に関する適切な調整を行っていないメッセージは数百件あったとしても、何の役にも立ちません。それは単なるノイズです。

Splunk ではアラートが生成されても、一定の期間内に発生した場合は 1 回のみそれを適用するように設定することができます。たとえば、最初に表示されたアラートがポップコーンで最初にはじけた 1 粒を知らせるものならば、最初のアラートに関連してそれ以降にはじけ出す他の粒に対するアラートを表示させたくはないでしょう。(ポップコーンに対する 2 番目のアラートが生成されても、他のすべての粒がはじけ終わるまではアラートをオフにするのが当然です。ただし、長すぎて焦げ付かせてもいけませんが。)

そのために、抑制機能が用意されています。Splunk にアラートを知らせるけれども、それを何回も繰り返さないように指示することができます。

アラート編集の管理画面の中央には、[**アラートモード**] と呼ばれるオプションがあります (図 5-12を参照)。

図5-12:アラートモード

サーチ当たり (すべての結果に対して) 1 回アラートを生成することができます。また、結果当たり 1 回アラートを生成することもできます。結果当たりのアラートは、さらにフィールドを使って抑制することができます。たとえば、条件を満たした時には常にアラートを通知したいけれども、それをホスト当たり 1 回に限定することができます。サーバー上のディスクスペースが残り少なくなっており、利用可能な空きスペースが 30% を下回った時にアラートを生成する場合を考えてみましょう。[**結果抑制フィールド当たり**] に host を指定すると、指定した期間内は各ホスト当たり 1 回のみ通知されます。また、ユーザーログイン障害を担当している場合は、このフィールドに username を指定することができます。

# アラートアクションのカスタマイズ

スクリプトを作成、変更して、独自のアラートアクションを設定することができます。たとえば、以下のようなアラートを作成します。

- 問題に対処できる人々に SMS メッセージを送信する。

- ヘルプデスクチケットまたはその他のトラブルチケットを作成する。

- サーバーを再起動する。

すべてのアラートアクションは、メール送信も含めてスクリプトをベースにしています。RSS フィードの作成も同様です。つまり、必要に応じてスクリプトを使って、柔軟にアラートアクションを作成、設定することができます。

---

カスタムアラートスクリプトの作成方法の詳細は、http://splunk.com/goto/book#custom_alerts をご覧ください。

---

# アラート管理

アラートの司令塔となるのが**アラート管理**です。

**アラート管理**を表示するには、画面右上にある [**アラート**] をクリックします。

図5-13：アラート管理

ここで、いくつかの用語について簡単に説明する必要があります。先ほど、保存された if-then スケジュール済みサーチをアラート、個別に生成されるアラートをアラートのインスタンスとして説明しました。

**アラート管理**には、最近生成されたアラート (アラートのインスタンス) が表示されます。ここには、アラートインスタンスの生成時期、およびそれに関連するサーチ結果を表示するリンクが表示されています。また、生成されたアラートを削除することもできます。また、アラート名、App、タイプ (スケジュール、リアルタイム、またはローリングウィンドウ)、重大度、およびモード (ダイジェストまたは結果単位) なども表示されます。また、アラートの定義を編集することもできます。

# パート 2:
# レシピ

# 6 監視 (モニター) とアラート

本書の最初の5章は、新たな独自の手段、Splunk を使って問題の解決、目的の情報の入手、データの調査を行うための準備段階です。

この章では、監視とアラートの実行方法について説明していきます。監視は、視覚的に参照できるレポートを表しています。アラートは Splunk が監視している条件を表しており、自動的にアクションを実行することができます。

ここのレシピは、一般的な問題の監視/アラートを実行する際の問題と、簡単な対処方法を提供しています。各レシピには問題の状況と、Splunk を使った問題への対処方法が記載されています。一部のより複雑な例では、レシピを活用した詳細な調査方法やバリエーションについても取り上げています。

何か質問したり、このような問題に対する回答を探すには、http://splunkbase. com をご覧ください。

## 監視のレシピ

監視機能は、データに何が発生しているかを確認するために役立ちます。現在ログインしているユーザー数は?主な測定基準の変化の推移はどうなっているの?

このセクションでは、各種条件を監視するレシピに加えて、サーチコマンドを使って、半構造化データや構造化データからフィールドを抽出する方法についても説明していきます。

## 同時ユーザー数の監視

### 問題

ある時間にどれだけのユーザーが同時利用しているのかを確認する必要があります。この情報は、ホストが過負荷状態になっていないかどうかを判断したり、ピーク需要に合わせて適切なリソースを用意したりするために役立ちます。

## 解決策

まず、関連するイベントを取得するためにサーチを実行します。次に concurrency コマンドを使って、同時利用ユーザー数を判断します。最後に timechart レポートコマンドを使って、同時利用ユーザー数の推移をグラフに表示します。

以下のようなイベントがある場合を考えてみましょう。このイベントには、日付、時刻、リクエストの期間、およびユーザー名が記載されています。

```
5/10/10 1:00:01 ReqTime=3 User=jsmith
5/10/10 1:00:01 ReqTime=2 User=rtyler
5/10/10 1:00:01 ReqTime=50 User=hjones
5/10/10 1:00:11 ReqTime=2 User=rwilliams
5/10/10 1:00:12 ReqTime=3 User=apond
```

1:00:01 には、3 件の同時リクエスト (jsmith、rtyler、hjones) があることが分かります。1:00:11 には 2 件 (hjones、rwilliams)、そして 1:00:12 には 3 件 (hjones、rwilliams、apond) のリクエストがあります。

ある時間の最大同時利用ユーザー数を表示するには、以下のサーチを使用します。

```
<ここにご自分のサーチを指定> sourcetype=login_data
| concurrency duration=ReqTime
| timechart max(concurrency)
```

concurrency コマンドの詳細は、http://splunk.com/goto/book#concurrency をご覧ください。

# 停止ホストの監視

## 問題

データの送信が止まっているホストを判断する必要があります。サーバーやログを生成するアプリケーションがクラッシュしたり、停止された場合、ホストはログへのイベントの記録を中止してしまいます。このことはしばしば重大な問題の発生を表しています。ホストがログの記録を中止した場合には、そのことをすぐに知る必要があります。

## 解決策

metadata コマンドを使用します。このコマンドは、Splunk インデックス内のホスト、ソース、ソースタイプに関する高レベルの情報をレポートします。これは、サマリーダッシュボードの作成にも使われています。このサーチの先頭にはパイプ文字が指定されていることに注意してください。これは、Splunk のインデックスからイベントを取得するのではなく、データ生成コマンド (metadata) を呼び出していることを表しています。

ホストに関する情報を取得して、最近もっとも参照されていないホストが先頭に
来るようにソートして、時間を分かりやすい形式で表示するには、以下のサーチ
を使用します。

```
| metadata type=hosts
| sort recentTime
| convert ctime(recentTime) as Latest_Time
```

これで最近データをログに記録していないホストを素早く確認することができます。

---

metadata コマンドの詳細は、http://splunk.com/goto/book#metadata をご覧ください。

---

# 分類されたデータのレポート

## 問題

適切に定義されていない、あるデータのセグメントをレポートする必要があります。

## 解決策

データの特定部分をサーチするために、タグとイベントタイプを使用します。タグ
を利用する方が簡単ですが、イベントタイプの方が強力です (タグとイベントタイ
プについては、第 5 章で説明しています)。

---

このようなデータの分類が、なぜ監視の分野で取り上げられているのか不思議に思う方
もいることでしょう。タグとイベントタイプを使ってデータを分類する場合、単にその当日
のデータを分類するのではなく、Splunk にそのようなデータの登場時の分類方法を指示
しているからです。つまり、Splunk に特定の特徴を持つデータを監視するように指示して
いるのです。タグやイベントタイプは、データを全国的に指名手配するようなものです。

---

## タグの使用

タグを使って、単純なフィールド＝値のペアを分類できます。たとえば、
`host=db09` を持つイベントを database (データベース) ホストとして分類する
には、このフィールド値にタグを設定します。これにより、`host=db09` を持つイベ
ントに、値が database の `tag::host` フィールドが作成されます。次に、この分
類を使ってレポートを生成できます。

いくつかのタグの使用例を見ていきましょう。

上位 10 件のホストタイプを表示する (横棒グラフや円グラフに適しています)：

```
...| top 10 tag::host
```

各ホストタイプのパフォーマンス比較の推移を表示する：

```
...| timechart avg(delay) by tag::host
```

---

## イベントタイプの使用

タグの代わりにイベントタイプを使用する場合は、単純なフィールド＝値に制限されることなく、さまざまな方法でイベントを分類することができます。また、論理演算、フレーズ照合、ワイルドカードなど、サーチコマンドの強力な機能を活用することができます。"host=db* OR host=orcl*"、と定義してイベントタイプ database_host を作成したり、別のイベントタイプ web_host を作成したりすることができます。タグの時と同じようにサーチを実行しますが、tag::host は eventtype に置き換えてください。たとえば、上位 10 件のイベントタイプを表示するには、以下のように指定します。

```
...| top 10 eventtype
```

イベントタイプは、ホスト、ユーザータイプ、またはエラーコードなどのように次元固有のものではないため、それらはすべて同じ共通の名前空間にまとめられます。たとえば、top eventtypes とサーチを実行すると、database_host と web_error が返される可能性があります。これはりんごとみかんを比較しているようなもので、望ましい結果とは言えません。幸いなことに、イベントタイプに対して共通の命名規則を使用している場合は、eval コマンドを利用してレポートするイベントタイプをフィルタリングすることができます。

たとえば、_host で終わるイベントタイプのみを使って、各種ホストタイプのパフォーマンスを比較することができます (タイムチャートで表示)。

```
…| eval host_types = mvfilter(match(eventtype, "_host$"))
   | timechart avg(delay) by host_types
```

# 本日の上位値と過去 1 ヶ月の値の比較

## 問題

本日の上位 N 件の上位値とそれを過去 1 ヶ月の値を比較して確認する必要があります。このような情報により、どの製品が最近好調か、またはどのようなデータベースエラーが最近頻発しているかなどの疑問に対する回答を得ることができます。

## 解決策

このために、音楽データを例にして、ある日にもっとも再生されたアーティスト上位 10 人、およびそれらのアーティストの過去 1 ヶ月の平均順位を確認してみましょう。イベントには、artist (アーティスト) フィールドと、特定の時間の売り上げ数を示す sales フィールドがあることを前提にしています。ここでは、sales の合計を測定基準 (sum(sales)) として使用しますが、他の任意の測定基準を使用することができます。

このようなサーチは面倒で複雑なように見えますが、簡単な複数のステップに分解することができます。

1.  アーティストの月次ランキングを取得する。

2.  アーティストの日次ランキングを取得して、それを結果に追加する。

3. stats を使ってアーティストの月次ランキングと日次ランキングを結合する。

4. sort と eval を使って結果をフォーマットする。

## 月次ランキングの取得

月次売り上げが大きい上位 10 人のアーティストを探すには、以下のサーチを使用します。

```
sourcetype=music_sales earliest=-30d@d
| stats sum(sales) as month_sales by artist
| sort 10 - month_sales
| streamstats count as MonthRank
```

earliest=-30d@d は、30 日前からのイベントを取得することを表しています (過去 1 ヶ月のイベントを取得)。stats は、各アーティストの売り上げ合計を、month_sales フィールドとして計算します。各アーティストに対して、2 つの列 month_sales および artist を持つ行が生成されます。sort 10 - month_sales は、それらの行の中で month_sales の値が上位 10 件の行のみを保持し、それを額が大きなアーティストから小さなアーティストへと並べ替えます。streamstats コマンドは、イベント参照時の集計値に基づいて、各イベントに 1 つまたは複数の統計情報を追加します (stats コマンドのように、結果全体にではない)。streamstats count as MonthRank は、最初の結果 MonthRank=1、2 番目の結果 MonthRank=2 のように順次割り当てていきます。

## 昨日のランキングの取得

月次ランキングを取得するサーチに 3 つの小さな変更を加えて、昨日のランキングを取得します。

- 昨日のランキングを取得するために、earliest の値を -30d@d から -1d@d に変更します。

- サーチ内に登場する各「month」を「day」に変更します。

- append コマンドで囲んで、このサーチ結果を最初のサーチ結果に追加します。

```
append [
  search sourcetype=music_sales earliest=-1d@d
  | stats sum(sales) as day_sales by artist
  | sort 10 - day_sales
  | streamstats count as DayRank
]
```

## stats を使ったアーティストの月次ランキングと日次ランキングの結合

アーティスト別の結果を結合して、月次ランキングと日次ランキングを 1 つにまとめるには、stats コマンドを使用します。

```
stats first(MonthRank) as MonthRank first(DayRank) as DayRank
by artist
```

## 出力のフォーマット

最後に、月次ランキングと日次ランキングの差を算出し、結果を日次ランキングでソートし、各フィールドをビルボードの順序 (ランキング、アーティスト、ランクの変化、以前のランキング) で表示します。

```
eval diff=MonthRank-DayRank
| sort DayRank
| table DayRank, artist, diff, MonthRank
```

## まとめ

すべてをまとめると、サーチは次のようになります。

```
sourcetype=music_sales earliest=-30d@d
| stats sum(sales) as month_sales by artist
| sort 10 - month_sales | streamstats count as MonthRank
| append [
  search sourcetype=music_sales earliest=-1d@d
    | stats sum(sales) as day_sales by artist
    | sort 10 - day_sales | streamstats count as DayRank
  ]
| stats first(MonthRank) as MonthRank first(DayRank) as
DayRank by artist
| eval diff=MonthRank-DayRank
| sort DayRank
| table DayRank, artist, diff, MonthRank
```

## バリエーション

ここでは、売り上げ合計 (sum(sales)) を測定基準として使用しました。しかし、min(sales) を使用したり、時間範囲を変更して先週と今週のデータを比較したりするなど、任意の測定基準を利用することができます。

---

streamstats コマンドの詳細は、http://splunk.com/goto/book#streamstats をご覧ください。

---

# 1 時間に 10% 低下した測定基準の発見

## 問題

過去 1 時間に 10% 低下した測定基準を確認したいと考えています。このような変化は、顧客数の減少、Web ページ参照数の減少、データパケット数の減少などのような状況を意味しています。

---

## 解決策

過去 1 時間の値の低下を確認するためには、最低でも過去 2 時間の結果を調査する必要があります。過去 2 時間のイベントを調査して、それぞれの時間の測定基準を個別に算出し、それらの 2 時間 の間に測定基準がどのように変化したのかを判断します。ここで注目する測定基準は、2 時間前から 1 時間前の期間のイベント数です。以下のサーチは、前の 1 時間とこの 1 時間のホスト別カウントを比較して、値が 10% 以上低下したものを取得します。

```
earliest=-2h@h latest=@h
| stats count by date_hour,host
| stats first(count) as previous, last(count) as current by
host
| where current/previous < 0.9
```

最初の条件 (earliest=-2h@h latest=@h) は、時間境界にスナップして (例：14 時 01 分〜16 時 01 分ではなく、14 時〜16 時)、2 時間のデータを取得します。次に、1 時間当たりのホスト別イベント数を取得します。対象となる 1 時間が 2 つのみ存在しているため (2 時間前と 1 時間前)、stats first(count) は 2 時間前のカウント数を、last(count) は 1 時間前のカウント数を返します。where 句は、この 1 時間のカウント値がその 1 時間前のカウント値の 90% を下回っている (10% 以上低下) イベントのみを返します。

演習として、時間範囲が深夜 0 時をまたがっている場合に、どのような問題があるのかを考えてみましょう。この問題を修正するためには、最初の stats コマンドに first(_time) すれば良いことが分かりましたか？

## バリエーション

測定基準として、イベント数の代わりに、平均遅延時間や秒当たりの最小バイト数などを使用することができます。また、日単位の比較などのように、異なる時間範囲を使用することもできます。

# 週単位の結果のグラフ化

## 問題

先週の結果と今週の結果を比較する必要があります。

## 解決策

まず、すべてのイベントに対してサーチを実行し、それらのイベントが先週のイベントか今週のイベントかをマークします。次に、先週のイベントの時間値を、今週のイベントの時間値に合わせるように調節します (両方のイベントを同じ時間帯に同時に表示できるようにする)。最後にグラフを作成します。

週の始まりにスナップした過去 2 週間のデータを取得してみましょう。

```
earliest=-2w@w latest=@w
```

イベントを今週のイベントまたは先週のイベントとしてマークします。

```
eval marker = if (_time < relative_time(now(), "-1w@w"),
                  "last week", "this week")
```

先週のイベントを、あたかも今週発生したかのように修正します。

```
eval _time = if (marker=="last week",
                 _time + 7*24*60*60, _time)
```

先ほど設定した週マーカーを使って、各週にダウンロードされた平均バイト数などの、目的の測定基準を表すタイムチャートを表示します。

```
timechart avg(bytes) by marker
```

「last week」(先週) および「this week」(今週) の、2 種類のシリーズを持つタイムチャートが生成されます。

すべてをまとめると、以下のようになります。

```
earliest=-2w@w latest=@w
| eval marker = if (_time < relative_time(now(), "-1w@w"),
                    "last week", "this week")
| eval _time  = if (marker=="last week",
   _time + 7*24*60*60, _time)
| timechart avg(bytes) by marker
```

このようなパターンを頻繁に利用する場合は、これをマクロとして保存して再利用することができます。

## バリエーション

日単位など別の時間範囲を、異なる種類のグラフで調査することができます。avg(bytes) 以外のグラフを試してみてください。代わりに、週境界へのスナップを行わないように earliest=-2w と設定して、latest の値を指定せずに (デフォルトの「now」(現在) になる)、relative_time() 引数を -1w に変更してみてください。

# データのスパイクの識別

## 問題

データ内のスパイク (急増値/突出値) を確認したいと考えています。スパイクにより、ある測定基準が急激に増加または減少していることを示すピーク (または底値) が分かります。トラフィックのスパイク、売り上げのスパイク、返された値数のスパイク、データベース負荷のスパイクなど、どのようなスパイクに注目する場合でも、それを確認したら、そのような状況に対して何らかのアクションを行うことになるでしょう。

## 解決策

スパイクを識別しやすいように、傾向を示す移動平均線を使用します。trendline コマンドに、トレンドラインの作成に使用するフィールドを指定してサーチを実行します。

たとえば、Web アクセスデータを使って、bytes フィールドの平均をグラフ化することができます。

```
sourcetype=access* | timechart avg(bytes) as avg_bytes
```

bytes の最後の 5 件の値を使った単純な移動平均 (sma) を表すグラフに、その他の折れ線/横棒シリーズを追加するには、以下のコマンドを使用します。

```
trendline sma5(avg_bytes) as moving_avg_bytes
```

さらに明確にスパイクを識別したい場合は、たとえば現在値が移動平均の 2 倍になったことを示す、スパイク用の別のシリーズを追加できます。

```
eval spike=if(avg_bytes > 2 * moving_avg_bytes, 10000, 0)
```

ここの値 10000 は単なる例で、ご自分のデータに合わせてスパイクを明確に識別できる適切な値を指定する必要があります。Y 軸を対数スケールに変更するのも良いでしょう。

以上のことをまとめたサーチは以下のようになります。

```
sourcetype=access*
| timechart avg(bytes) as avg_bytes
| trendline sma5(avg_bytes) as moving_avg_bytes
| eval spike=if(avg_bytes > 2 * moving_avg_bytes, 10000, 0)
```

## バリエーション

先ほどは最後の 5 件の結果による単純な移動平均 (sma5) を使用しました。件数を変更したり (例：sma20)、指数移動平均 (ema) や加重移動平均 (wma) などの、他の種類の移動平均を使用したりすることも検討してください。

また、グラフをバイパスして、上記の eval を where 句に変更して、結果をフィルタリングすることもできます。

```
...| where avg_bytes > 2 * moving_avg_bytes
```

また、テーブルをビューまたはアラートとして利用することで、avg_bytes の値が急増/急減した場合にのみそれを確認することができます。

---

trendline コマンドの詳細については、http://splunk.com/goto/book#trendline をご覧ください。

---

# コンパクトな時間ベースのグラフ

## 問題

小さなスペースに、視覚エフェクトを使って複数のデータの傾向を表示したいと考えています。このことが、スパークラインの発想につながっています。スパークラインは、結果テーブルのセル内に表示される、小さな時間ベースのグラフです。スパークラインは Edward Tufte が開発し、Splunk 4.3 で導入されました。

## 解決策

テーブルにこのようなスパークラインを表示するには、単純に sparkline() 関数で stats または chart 関数を囲みます。

ここでは、Web アクセスログの例を使用します。サイトの各 Web ページの表示に要した時間を表す、小さなグラフを作成します (spent フィールドが Web ページの表示に要した時間を表すと仮定)。サイトには多数のページが存在しているため、ソートを実行してもっともアクセスされたページ (count の最大値) を探します。5m は、スパークラインを 5 分の解像度で表示することを示します。

```
sourcetype=access*
| stats sparkline(avg(spent),5m), count by file
| sort - count
```

このサーチを過去 1 時間に対して実行します。結果として表示される一連の小さなグラフは、各ページのロードに要した平均時間の推移を表しています。

## バリエーション

avg 以外の関数を試してみてください。また、解像度として 5m 以外の値を使用してみてください。5m を完全に削除すると、サーチの期間に合わせて適切な値が自動的に使用されます。

# XML または JSON 内のフィールドのレポート

## 問題

XML または JSON 形式のデータをレポートしたいと考えています。

## 解決策

Splunk 4.3 で導入された spath コマンドを使って、XML および JSON 形式のデータから値を抽出します。この例では、XML または JSON 形式の書籍データをソースタイプとして仮定しています。XML または JSON 形式のイベントを返すサーチを実行し、spath コマンドを使って著者名を抽出します。

```
sourcetype=books
| spath output=author path=catalog.book.author
```

path 引数を指定しないで spath を呼び出すと、最初の 5000 文字から (変更可)、すべてのフィールドが抽出され、各 path エレメントに対するフィールドが作成されます。パスは、foo.bar.baz のような形式になっています。必要に応じて各レベルは、配列インデックスを持つことができます。この配列は中括弧で表されます (例：foo{1}.bar)。すべての配列要素を表すには、空の中括弧を使用します (例：foo{})。XML クエリーの最終レベルには、属性名を入れることも可能です。この場合にも中括弧を使用て、先頭に @ を付けます (例：foo.bar{@title})。

フィールドを抽出したら、それをレポートすることができます。

```
...| top author
```

## バリエーション

古いサーチコマンド xmlkv は、単純な XML のキーと値のペアを抽出します。たとえば、値 <foo>bar</foo> を持つイベントに対して ... | xmlkv を呼び出すと、値 bar を持つフィールド foo が作成されます。XML からフィールドを抽出する他の古いコマンドとしては、xpath が挙げられます。

# イベントからのフィールドの抽出

## 問題

あるパターンをサーチして、イベントから情報を抽出したいと考えています。

## 解決策

一時的に必要なフィールド、または特定のサーチに適用されるけれども、ソースやソースタイプほど一般的ではないフィールドを素早く抽出する場合は、コマンドを使ってフィールドを抽出するのが便利です。

### 正規表現

rex コマンドを利用すれば、正規表現を使って手軽にフィールドを抽出できます。たとえば、以下のサーチは、rex コマンドを使ってメールデータから、差出人 (from) および宛先 (to) フィールドを抽出します。

```
sourcetype=sendmail_syslog
| rex "From:(?<from>.*)To:(?<to>.*)"
```

### 区切り文字

区切り文字を使用している複数のフィールドに対して作業を行っている場合は、extract コマンドを使ってそれを抽出します。

以下のようなイベントがある場合を考えてみましょう。

```
|height:72|age:43|name:matt smith|
```

区切り文字なしで event フィールドを抽出するには、以下のコマンドを使用します。

```
...| extract pairdelim="|" kvdelim=":"
```

結果は以下のようになります。

```
height=72, age=43, and name=matt smith.
```

バリエーション

`multikv`、`spath`、または `xmlkv` を試してみてください。

# アラートのレシピ

第 5 章では、アラートが 2 つの部分から成り立っていることを説明しました。

• 条件：注目する事象。

• アクション：注目する事象が発生した場合に何を行うか。

また、抑制機能を利用すれば、同種のアラートの頻繁な生成を防止することができます。

例：

• サーバーの負荷が一定の割合を超えた場合に、その旨をメールで通知する。

• 負荷が一定の割合を超えたすべてのサーバーをメールで通知したいけれども、それで受信ボックスを一杯にしたくないので、アラートを 24 時間ごとに抑制する。

# サーバーの負荷が一定の値に達した時にメールで通知する

## 問題

サーバーの負荷が 80% を超えた場合に、その旨をメールで通知したいと考えています。

## 解決策

以下のサーチは、負荷平均が 80% を超えたイベントを取得して、各ホストの最大値を算出します。「top」ソースタイプは Splunk UNIX App (splunkbase.com から利用可能) に同梱されており、5 秒ごとに UNIXの `top` コマンドからデータを取り込みます。

```
sourcetype=top load_avg>80
| stats max(load_avg) by host
```

第 5 章の説明に従って、次のようにアラートを設定します。

• アラート条件：サーチが 1 つ以上の結果を返した場合に、アラートを生成します。

• アラートアクション：件名を「Server load above 80%」(サーバー負荷が 80% を超えました) にしてメールを送信します。

• 抑制：1 時間

## バリエーション

アラート条件と抑制時間を変更します。

# Web サーバーのパフォーマンスが低下した場合にアラートする

## 問題

Web サーバーの 95 番目のパーセンタイルの応答時間が一定のミリ秒を超えた場合に、その旨をメールで通知したいと考えています。

## 解決策

以下のサーチは、Web ログイベントを取得して、一意の各 Web アドレス (uri_path) に対する 95 番目のパーセンタイルの応答時間を算出し、最後にそれの値が 200 ミリ秒未満の値をフィルタリングします。

sourcetype=weblog

| stats perc95(response_time) AS resp_time_95 by uri_path

| where resp_time_95>200

アラートを以下のように設定します。

- アラート条件：サーチが X 件 (アラートを生成する契機となる遅い Web リクエスト数) 以上の結果を返した場合にアラートを生成します。

- アラートアクション：「Web servers running slow」 (Web サーバーの処理速度が低下しています) の件名でメールを送信します。クラウドを利用している場合は (例：Amazon EC2™)、おそらく新たな Web サーバーインスタンスを開始することでしょう。

- 抑制：1 時間

# 不要な EC2 インスタンスのシャットダウン

## 問題

利用されていない EC2 インスタンスをシャットダウンしたいと考えています。

## 解決策

以下のサーチは Web ログイベントを取得して、リクエスト数が 10000 件未満 (サーチの実行対象期間において) のホストを記載したテーブルを返します。

```
sourcetype=weblog
| stats count by host
| where count<10000
```

アラートを以下のように設定します。

- アラート条件：サーチが X 件 (アラートを生成する契機となるホスト数) 以上の結果を返した場合にアラートを生成します。

- アラートアクション：ロードバランサーからサーバーを削除して、それをシャットダウンするスクリプトを実行します。

- 抑制：10 分 。

# 監視のアラートへの変換

この章の監視レシピは、とても役に立つレポートを生成します。しかし、見直してみると、これらの多くはアラートの設定に利用でき Splunk にその状況を監視させることが可能です。

ここでは、いくつかの監視レシピをアラートに変換する方法について説明していきます。

## 同時ユーザー数の監視

このレシピのサーチは、独自のアラート条件 "where max(concurrency) > 20" を使用することで、アラートに変換することができます。このアラートは、同時にログインしているユーザー数が多すぎる場合に生成されます。

バリエーション：同時ユーザー数の平均を算出したり、最大同時ユーザー数が平均の 2 倍になった時にアラートすることを検討してください。

## 停止ホストの監視

独自のアラート条件 where now() - recentTime > 60*60 により、1 時間以上ホストからの通信がない場合にアラートを生成できます。

## 本日の上位値と過去 1 ヶ月の値の比較

独自のアラート条件 where diff < -10 により、過去 1 ヶ月にトップ 10 に入っていないアーティストが 1 位を獲得した場合にアラートを生成することができます。

バリエーション：同じレシピを使って HTTP ステータスコードを監視して、ステータスコード (例：404) の発生が前月と比べて急に増加/減少した場合にレポートすることができます。

## 1 時間に 10% 低下した測定基準の発見

このレシピは、すでにアラートに適した設定が行われています。任意のイベントが発生した場合にアラートを生成します。

バリエーション：1 行内に N 件以上の拒否が発生している場合にのみ生成します。

## 移動トレンドラインの表示とスパイクの識別

このレシピのバリエーションは、すでにアラートに適した設定が行われています。任意のイベントが発生した場合にアラートを生成します。

バリエーション：一定の期間 (例：5 分) に N 件以上のスパイクが発生した場合にのみアラートを生成します。

残りの監視レシピにアラート機能を追加するのも、良い演習になるでしょう。ぜひお試しください。

# 7 イベントのグループ化

これらのレシピは、イベントをグループ化することによって解決できる、一般的な
現実世界における問題を取り上げています。

## はじめに

イベントをグループ化するために、さまざまな方法が用意されています。一般的
には、transaction または stats コマンドを使用します。しかし、transaction
や stats はどのような場合に使用するのでしょうか?

簡単な目安は次のようになります。stats を使用できる場合は、stats を使用し
ます。このコマンドは、特に分散環境において transaction よりも高速に動作し
ます。ただし、処理はそれなりに高速ですが、いくつかの制限事項が存在してい
ます。stats を利用する場合、イベントに共通のフィールド値が存在しており、そ
の他の制約がない場合にのみ、それらのイベントをグループ化できます。一般的
には、raw イベントテキストは破棄されます。

stats と同様に、transaction コマンドを使って、共通のフィールド値に基づ
いてイベントをグループ化できます。トランザクションの合計期間、トランザクシ
ョン内のイベント間の遅延などなどの、より複雑な制約を使用することも可能で
す。ただし、開始/終了を示すイベントが必要です。statsとは違い、transaction
は元のイベントの raw イベントテキストとフィールド値を保持しますが、グルー
プ化されたイベントに対する統計情報は duration (トランザクション内の最古
のイベントと最新のイベントの _time フィールド間の差) と eventcount (トラン
ザクション内のイベント数合計) 以外は算出しません。

transaction コマンドは、特別な 2 種類の状況下でもっとも役立ちます。

* 一意のフィールド値 (ID) だけでは、個別のトランザクションを判別するには
  不十分な場合。ID を再利用するような場合です (例:cookie/クライアント IP
  による Web セッションの識別)。この場合、データをトランザクションにセグ
  メント化するために、timespan や pause を使用する必要があります。他の
  例として、ID を再利用する場合 (例:DHCP ログ)、特定のメッセージがトラン
  ザクションの開始または終了を指す場合があります。

* イベントの構成フィールドの分析ではなく、イベントの raw テキストを参照
  したい場合。

このような状況に当てはまらない場合は、stats を使用することをお勧めします。一般的には stats の方が transaction よりも、サーチパフォーマンスに優れています。一意の ID が存在しており、stats を使用できる場合もよくあります。

たとえば、一意の ID trade_id で判別される取引の期間に関する統計情報を算出する場合、以下のサーチが同じ回答を生成します。

```
…  | transaction trade_id
   | chart count by duration
…  | stats range(_time) as duration by trade_id
   | chart count by duration
```

2 番目のサーチの方がより効率的です。

ただし、trade_id 値を再利用するけれども、各取引の最後のイベントがテキスト「END」で示されている場合、唯一の解決策は以下のようになります。

```
…  | transaction trade_id endswith=END
   | chart count by duration
```

END 条件の代わりに、trade_id の値が 10 分間に渡って再利用されない場合、もっとも適切な対処方法は以下のようになります。

```
…  | transaction trade_id maxpause=10m
   | chart count by duration
```

最後に、パフォーマンスについて簡単に説明します。使用するサーチコマンドにかかわらず、パフォーマンスのためにベースサーチをできる限り固有のものにする必要があります。たとえは、以下のようなサーチを考えてみましょう。

```
sourcetype=x | transaction field=ip maxpause=15s | search
ip=1.2.3.4
```

ここでは、トランザクションを構成する sourcetype=x のすべてのイベントを取得してから、ip=1.2.3.4 を持つイベントを抽出しています。すべてのイベントが同じ ip 値を持つ場合、このサーチは以下のように指定するべきです。

```
sourcetype=x ip=1.2.3.4 | transaction field=ip maxpause=15s
```

このサーチは、必要なイベントのみを取得するため、より効率的です。詳細は、この章の後半で説明する「特定のトランザクションの調査」で取り上げられています。

# レシピ

## フィールド名の統合

### 問題

同じ ID を持ち異なるフィールド名を使用する複数のデータソースから、トランザクションを作成する必要があります。

### 解決策

一般的には、以下のような共通フィールドを使ってトランザクションを結合できます。

```
... | transaction username
```

しかし、各種データソースで username ID が異なる名前で呼ばれている場合は (login、name、user、owner など)、フィールド名を正規化する必要があります。

ソースタイプ A に field_A のみが含まれており、ソースタイプ B に field_B のみが含まれている場合、新しいフィールド field_Z を作成します。これは、イベントの内容に応じて、field_A または field_B になります。次に field_Z の値に応じて、トランザクションを作成することができます。

```
sourcetype=A OR sourcetype=B
| eval field_Z = coalesce(field_A, field_B)
| transaction field_Z
```

### バリエーション

上記の例では coalesce を実行して、イベントに存在していたイベントを使用しましたが、状況によってはイベントを統合するために使用するフィールドを判断するための、ロジックを使用する必要があります。この目的では、eval の if または case 関数が便利です。

## 未完了のトランザクションの検出

### 問題

ログインしたけれども、ログアウトしていないユーザーなど、未完了のトランザクションをレポートする必要があります。

## 解決策

ログイン (login) で始まり、ログアウト (logout) で終わるユーザーセッションをサーチする場合を考えてみましょう。

```
… | transaction userid startswith="login"
    endswith="logout"
```

ここで未完了のトランザクション、つまりログインしたけれども、ログアウトしていないユーザーに関するレポートを作成したいと考えています。そのためにはどうすれば良いのでしょうか？

transaction コマンドは closed_txn と言う名前の内部論理フィールドを作成し、特定のトランザクションが完了したかどうかを知らせます。通常、未完了のトランザクションは返されませんが、keepevicted=true を指定することで、それらの除外された部分トランザクションを要求することができます。除外されたトランザクションとは、すべてのトランザクションパラメータに一致しないイベントセットです。たとえば、時間の要件を満たさないトランザクションは除外されます。すべての要件を満たすトランザクションは、closed_txn に完了を示す 1 が設定されます (未完了のトランザクションは 0)。そのため、未完了のトランザクションを探す一般的な方法は、以下のようになります。

```
… | transaction <conditions> keepevicted=true
   | search closed_txn=0
```

ただし、今回の例の場合、これには欠点があります。イベントは最新のものから古いものへと処理されていくため、endswith 条件が一致しない場合、closed_txn=0 は設定されません。処理の観点から技術的に言えば、endswith 条件がトランザクションの開始になります。この問題に対処するために、closed_txn フィールドに基づいてトランザクションをフィルタリングし、またトランザクションに login と logout の両方がないことを確認する必要があります。

```
… | transaction userid  startswith="login"
                            endswith="logout"
 keepevicted=true
   | search closed_txn=0 NOT (login logout)
```

## バリエーション

この解決策のバリエーションとして、トランザクションに startswith/endswith 条件がなく、そして実際の transaction を保持する必要がない場合に、stats を使用することが考えられます。この例では、単にログアウトしていないユーザーの userid を知りたいだけです。

まず、ログイン/ログアウトイベントをサーチします。

```
action="login" OR action="logout"
```

次に各 userid に対して、stats を使用して、userid 当たりに見られる action (アクション) を追跡します。イベントは時間の降順のため、最初のアクションが最新のアクションになります。

```
… | stats first(action) as last_action by userid
```

最後に、最新のユーザーアクションがログイン (login) だったイベントのみを保持します。

```
… | search last_action="login"
```

この時点で、最後のアクションが login であるすべての userid 値のリストを保有しています。

# トランザクション内の時間の計算

## 問題

トランザクション内のイベント間の期間を確認する必要があります。

## 解決策

基本的なアプローチは、eval コマンドを使って期間を測定する必要がある時点をマークして、次にそれらの時点間の時間の長さを transaction コマンドの後に eval を使って計算します。

---

**注意:**この章では、トランザクション内のサンプルイベントには番号が付けられているため、それらのイベントを イベント 1、イベント 2 のように表記しています。

---

たとえば、4 つのイベントから構成されるトランザクションが、共通の id フィールドで統合されており、その phase1 と phase2 間の期間を測定する場合を考えてみましょう。

```
[1] Tue Jul 6 09:16:00 id=1234 start of event.
[2] Tue Jul 6 09:16:10 id=1234 phase1: do some work.
[3] Tue Jul 6 09:16:40 id=1234 phase2: do some more.
[4] Tue Jul 6 09:17:00 id=1234 end of event.
```

デフォルトでは、このトランザクションベースのイベントのタイムスタンプは、最初のイベント (イベント 1)になり、期間はイベント 4 とイベント 1 の差になります。

phase1 の期間を入手するには、イベント 2 とイベント 3 のタイムスタンプをマークする必要があります。この例には eval の searchmatch 関数で十分ですが、より複雑な状況に対応するためにさまざまな eval の関数を利用することも可能です。

```
...| eval p1start = if(searchmatch("phase1"), _time, null())
   | eval p2start = if(searchmatch("phase2"), _time, null())
```

次に、実際のトランザクションを作成します。

```
... | transaction id startswith="start of event"
                   endswith="end of event"
```

最後に、先ほど計算した値を使って、各 transaction の期間を算出します。

```
...| eval p1_duration = p2start - p1start
   | eval p2_duration = (_time + duration) - p2start
```

この例では、追加された _time (最初のイベントの時間) に期間を追加することで、最後のイベントの時間を算出しました。最後のイベントの時間が分かったら、最後のイベントと phase2 の開始の差となる p2_duration を算出しました。

## バリエーション

デフォルトで transaction コマンドは、トランザクションの複数の複合イベントに存在するフィールド値から、複数値フィールドを作成します。しかし、これらの値は、単なる順序づけられていない、重複除去された値の集まりとして保持されます。たとえば、4 つのイベントから構成されるトランザクションで、各イベントの name フィールドにそれぞれ name=matt、name=amy、name=rory、name=a amy が存在している場合、4 つのイベントから成り立っているトランザクションには、値 "amy"、"matt"、および "rory" を持つ複数値フィールド name が作成されます。イベントの発生順序が失われており、また重複する「amy」が削除されていることに注意してください。値のリスト全体の順序を保持する場合は、mvlist オプションを使用します。

ここでは、トランザクションを作成し、イベントの時間順序を保持します。

```
... | eval times=_time | transaction id mvlist="times"
```

次に、eval コマンドを使って差を計算します。トランザクション内の最初のイベントと 2 番目のイベントの時間差は、以下のように指定して算出することができます。

```
... | eval diff_1_2 = mvindex(times,1) - mvindex(times,0)
```

# 最新のイベントの発見

## 問題

各一意のフィールド値に対する最新のイベントを探す必要があります。たとえば、各ユーザーが最後にログインした時刻を探さなければなりません。

## 解決策

おそらく、`transaction` または `stats` コマンドを使用することを考えていることでしょう。たとえば、以下のサーチは各一意の `userid` に対して、各フィールドで最初に見つかった値を返します。

```
… | stats first(*) by userid
```

このサーチは、同じ `userid` を持つイベントの各フィールドで、最初に見つかる値を返すことに注意してください。つまり、そのユーザー ID を持つすべてのイベントの集合体が返されますが、それは望ましいことではありません。必要なのは、一意の `userid` を持つ最初のイベントです。この目的を適切に実現するためには、`dedup` コマンドを使用します。

```
… | dedup userid
```

## バリエーション

一意の `userid` を持つ最古の (最新ではなく) イベントを取得するには、`dedup` コマンドの `sortby` 句を使用します。

```
… | dedup userid sortby + _time
```

# 連続イベントの調査

## 問題

レポートやアラートのノイズを除去するために、連続発生する値を持つすべてのイベントをグループ化したいと考えています。

## 解決策

以下のイベントがある場合を考えてみましょう。

```
2012-07-22 11:45:23 code=239
2012-07-22 11:45:25 code=773
2012-07-22 11:45:26 code=-1
2012-07-22 11:45:27 code=-1
2012-07-22 11:45:28 code=-1
2012-07-22 11:45:29 code=292
2012-07-22 11:45:30 code=292
2012-07-22 11:45:32 code=-1
2012-07-22 11:45:33 code=444
2012-07-22 11:45:35 code=-1
2012-07-22 11:45:36 code=-1
```

最終目的は、各 code 値 (239、773、-1、292、-1、444、-1) をそれぞれ 1 つ持つ 7 件のイベントを取得することにあります。おそらく、以下のように `transaction` コマンドを使用することを思いつくでしょう。

```
… | transaction code
```

今回の事例での transaction の使用は、作業に不適切なツールを使用するようなものです。連続発生する重複する値数を考慮しなくて良い場合は、重複項目を削除する dedup を使用するのがより適切な手段となります。デフォルトで dedup は、すべての重複するイベントを削除します (指定フィールドの値が同じ場合に、イベントは重複と判断される)。しかし、今回は連続発生している重複項目を削除したいと考えています。そのためには、dedup に consecutive=true オプションを指定します。このオプションは、連続している重複項目のみを削除します。

```
… | dedup code consecutive=true
```

# トランザクション間の時間

## 問題

Web サイトへのユーザーの訪問間隔などの、各トランザクション間の時間を確認したいと考えています。

## 解決策

特定のユーザー (clientip-cookie のペア)のすべてのイベントをグループ化する基本的な transaction サーチを考えてみましょう。ただし、ユーザーが 10 分間何も操作を行わなかった場合、そこでトランザクションを分割します。

```
… | transaction clientip, cookie maxpause=10m
```

最終的な目標は、各 clientip-cookie のペアに対して、あるトランザクションの終了時刻と、より最近に開始された (返されたイベントの順序における「前の」) トランザクションの開始時刻との差を計算することにあります。この時間差は、トランザクション間のギャップになります。たとえば、新しいものから古いものへの順番で返された、2 つの疑似トランザクションについて考えてみましょう。

```
T1: start=10:30 end=10:40 clientip=a cookie=x
T2: start=10:10 end=10:20 clientip=a cookie=x
```

これらの 2 つのトランザクション間の時間のギャップは、T1 の開始時刻 (10:30) と T2 の終了時刻 (10:20) の差、10 分になります。このレシピの残りの部分では、これらの値の計算方法について説明していきます。

まず、各トランザクションの終了時刻を算出する必要があります。トランザクションのタイムスタンプは、最初のイベントの発生時刻であり、期間 (duration) はトランザクション内の最初のイベントと最後のイベント間の経過時間 (秒) になります。

```
… | eval end_time = _time + duration
```

次に、前の (より最新の) トランザクションからの開始時刻を、各トランザクション
に追加する必要があります。そうすることによって、前のトランザクションの開始
時刻と、私たちが算出した end_time (終了時刻) の差を計算することができま
す。

このために、streamstats を使って、単一のトランザクションのみのスライドウ
ィンドウに見られる、開始時刻 (_time) の最後の値を計算でき (global=false
and window=1)、そのスライドウィンドウ内の現在のイベントを無視
(current=false) することができます。streamstats には、前のイベントの値
のみに注目するように指示します。最後に、このウィンドウを特定のユーザー
(clientip-cookie のペア) にのみ適用することを指定します。

```
… | streamstats first(_time) as prev_starttime
  global=false window=1 current=false
  by clientip, cookie
```

この時点で、関連フィールドは以下のようになります。

```
T1:_time=10:00:06, duration=4, end_time=10:00:10
T2:_time=10:00:01, duration=2, end_time=10:00:03
   prev_starttime=10:00:06
T3:_time=10:00:00, duration=0, end_time=10:00:01
   prev_starttime=10:00:01
```

これでついに前のトランザクションの開始時刻 (prev_starttime) と、算出した
end_time (終了時刻) の差を計算できるようになりました。この差はトランザクシ
ョン間のギャップであり、同じユーザー (clientip-cookie のペア) による 2 つ
の連続するトランザクション間に経過した時間 (秒) を表しています。

```
… | eval gap_time = prev_starttime - end_time
```

すべてをまとめると、サーチは次のようになります。

```
… | transaction clientip, cookie maxpause=10m
  | eval end_time = _time + duration
  | streamstats first(_time) as prev_starttime
  global=false window=1 current=false
  by clientip, cookie
  | eval gap_time = prev_starttime - end_time
```

この時点で、gap_time の値のレポートを作成することができます。たとえば、ユ
ーザー当たりの最大ギャップと平均ギャップに関するレポートを作成できます。

```
… | stats max(gap_time) as max,
        avg(gap_time) as avg
        by clientip, cookie
```

## バリエーション

要件がもっと単純な場合は、イベント間のギャップを算出する簡単な方法があります。トランザクションに関する制約が `startswith` および `endswith` のみの場合、つまり時間 (例:`maxpause=10m`) やフィールド (例：`clientip, cookie`) の制約がない場合は、単純に `startswith` と `endswith` の値を交換してトランザクション間のギャップを算出することができます。

たとえば、以下のようなイベントを考えてみましょう。

```
10:00:01 login
10:00:02 logout
10:00:08 login
10:00:10 logout
10:00:15 login
10:00:16 logout
```

この場合は、以下のようにしないで:

```
… | transaction startswith="login" endswith="logout"
```

標準的なトランザクション (ログインしてログアウト) の代わりとなるトランザクション (ログアウトしてログイン) 間の、ギャップを作成できます。

```
… | transaction endswith="login" startswith="logout"
```

こうすれば、トランザクションはログアウトイベントとログインイベント間のギャップになるため、`duration` を使ってギャップ統計を計算できます。

```
… | stats max(duration) as max, avg(duration) as avg
```

イベント間の時間を求める他のバリエーションとして、特定のイベント (イベント A) と隣接した新しいイベント (イベント B) 間の時間差を測定することが挙げられます。`streamstats` を使用すれば、最後の 2 つのイベント間の時間範囲 (現在のイベントと前のイベント間の差) を判断できます。

```
… | streamstats range(_time) as duration window=2
```

# 特定のトランザクションの調査

## 問題

特定のフィールド値を持つトランザクションを探す必要があります。

## 解決策

すべてのトランザクションに対する一般的なサーチは、以下のようになります。

```
sourcetype=email_logs | transaction userid
```

ただし、ここではフィールド/値のペア to=root および from=msmith を持つイベントがあるトランザクションのみを識別する場合を考えてみましょう。以下のサーチを使用することができます。

```
sourcetype=email_logs
| transaction userid
| search to=root from=msmith
```

ここで問題なのが、このソースタイプ (sourcetype) からすべてのイベント (10 億件以上になる可能性もある) を取得し、すべてのトランザクションを構築した後に、そのデータの 99% をすぐに破棄してしまうことです。このことは、処理が遅くなるだけではなく、とても非効率的です。

おそらく、以下のようにして、データ量を減らすことを思いつくでしょう。

```
sourcetype=email_logs (to=root OR from=msmith)
| transaction userid
| search to=root from=msmith
```

特定のソースタイプからすべてのイベントを取得する非効率的な処理に関する問題を解決しても、他に 2 つの問題が存在しています。最初の問題は致命的なものです。問題を解決するために必要なイベントの、ほんの一部しか取得できていません。具体的に言うと、to または from フィールドを持つイベントしか取得していません。この構文を使用した場合、トランザクションの一部となる可能性があるその他のすべてのイベントが失われてしまいます。たとえば、以下の完全なトランザクションを例に考えてみましょう。

```
[1] 10/15/2012 10:11:12 userid=123 to=root
[2] 10/15/2012 10:11:13 userid=123 from=msmith
[3] 10/15/2012 10:11:14 userid=123 subject="serious error"
[4] 10/15/2012 10:11:15 userid=123 server=mailserver
[5] 10/15/2012 10:11:16 userid=123 priority=high
```

上記のサーチでは subject を持つイベント 3、または server を持つイベント 4 が取得されず、完全なトランザクション全体が返されません。

2 番目の問題は、to=root のサーチはとても一般的なため、大量のイベントが返されて、多数のトランザクションを作成しなければならない可能性があることです。

このような問題を解決するにはどうすればいいのでしょうか?この問題に対処するには、サブサーチを使用する方法と、searchtxn コマンドを使用する方法があります。

## サブサーチの使用

最終目的は、to=root または from=msmith を持つイベントの、すべての use-rid 値を取得することにあります。userid 値の候補をできる限り素早く取得するためには、より希な条件を指定します。from=msmith がより希な条件である場合を考えてみましょう。

```
sourcetype=email_logs from=msmith
| dedup userid
| fields userid
```

関連する userid 値を入手したら、これらの値を持つイベントのみをサーチして、より効率的にトランザクションを作成することができます。

```
… | transaction userid
```

最後に、フィルタリングを使用して、to=root および from=msmith を持つトランザクションのみを入手します (userid の値が他の to および from 値に対して使用されている可能性があります)。

```
… | search to=root AND from=msmith
```

これらをまとめて、最初のサーチをサブサーチとして、ユーザー ID (userid) を外部サーチに渡すサーチは以下のようになります。

```
[
search sourcetype=email_logs from=msmith
| dedup userid
| fields userid
]
| transaction userid
| search to=root from=msmith
```

## searchtxn の使用

searchtxn (トランザクションサーチ (search transaction)) コマンドは、あなたの代わりにサブサーチを行います。このコマンドは、トランザクション (transaction) の作成に必要なイベントのみをサーチします。searchtxn は特に、transaction が必要とするフィールドの推移閉包を行い、トランザクション用のイベントを発見するために必要なサーチを実行します。次に transaction サーチを実行して、最後に指定された制約でフィルタリング処理を行います。複数のフィールドでイベントを統合する場合、サブサーチを使用する方法では処理が面倒になります。searchtxn も最速の結果を得るために、どちらの条件が希かを判断します。結局、to=root および from=msmith を持つメールトランザクションのサーチは、単純に以下のようになります。

```
| searchtxn email_txn to=root from=msmith
```

上記のサーチで `email_txn` は何を表しているのでしょうか？これは、Splunk 設定ファイル `transactiontype.conf` 内に作成する必要がある、トランザクションタイプ定義を参照しています。この場合、`transactiontype.conf` は以下のようになります。

```
[email_txn]
fields=userid
search = sourcetype=email_logs
```

`searchtxn` サーチを実行すると、自動的に以下のサーチが実行されます。

```
sourcetype=email_logs from=msmith | dedup userid
```

このサーチの結果により、`searchtxn` に処理対象となる `userids` のリストが渡されます。次に、以下のサーチが実行されます。

```
sourcetype=email_logs (userid=123 OR userid=369 OR use-
rid=576 ...)
| transaction name=email_txn
| search to=root from=msmith
```

このサーチは、`searchtxn` サーチで返された結果からの、「干し草の山の中の針」となるトランザクションを返します。

注意：`transaction` コマンドのフィールドリストに複数のフィールドが存在している場合、`searchtxn` は複数のサーチを自動的に実行して、必要なすべての値の推移閉包を取得します。

## バリエーション

`searchtxn` コマンドで、複数のフィールドを使って調査してみましょう。関連するイベントを取得したいけれども、`searchtxn` で実際のトランザクションを作成したくない場合は、`eventsonly=true` を使用します。

# 他のイベントに関連するイベントの調査

## 問題

あるイベントの前後のイベントを探す必要があります。root によるログインをサーチした後、その前1分間の root ログイン失敗イベントおよびその後1分間のパスワード変更イベントをサーチする場合を考えてみましょう。

## 解決策

たとえば、サブサーチを使ってこのシナリオの最後のインスタンスを探すことが考えられます。root ログインに対するサブサーチを実行して、`starttimeu` および `endtimeu` を取得した後、親サーチで同じ `src_ip` からの `failed_login`（ログイン失敗）または `password_changed`（パスワード変更）をサーチする際に、それらの時間境界を使用します。

```
[
search sourcetype=login_data action=login user=root
| eval starttimeu=_time - 60
| eval endtimeu=_time + 60
| return starttimeu, endtimeu, src_ip
]
action=failed_login OR action=password_changed
```

この方法の欠点は、ログインの最後のインスタンスのみが検索され、誤判定の可能性があることです (ログイン後の `failed_logins` またはログイン前の `password_changed` を区別していない)。

そこで、フィルタリングを使用して必要なイベントのみに絞ることで、問題を解決することができます。

```
sourcetype=login_data ( action=login OR action=failed_login
OR action=password_changed )
```

トランザクションは、同じ `src_ip` からの、`failed_login` 始まり `password_changed` で終わるイベントで構成されている必要があります。さらに、トランザクションの範囲は、開始から終了まで 2 分以下でなければなりません。

```
… | transaction src_ip maxspan=2m
            startswith=(action=failed_login)
            endswith=(action=password_changed)
```

最後にフィルタリングを使用して、`user=root` のトランザクションのみに制限する必要があります。`failed_login` イベントには `user=root` がないことも多いため (ユーザーがログインしなかった)、トランザクション後にはフィルタリングを実施する必要があります。

```
… | search user=root
```

逆に、すべての関連イベントに `user=root` が存在しているのが確実な場合は、最後のフィルタリングを省略して、search 句にそれを追加してください (`search user=root`)。

# イベント発生後のイベントの調査

## 問題

特定のイベント (例：ログインイベント) 発生後の、最初の 3 件のイベントを取得したいけれども、適切に定義されている終了イベントがありません。

## 解決策

ログインアクションから始まる、以下の理想的なトランザクションを例に考えてみ
ましょう。

```
[1] 10:11:12 src_ip=10.0.0.5 user=root action=login
[2] 10:11:13 src_ip=10.0.0.5 user=root action="cd /"
[3] 10:11:14 src_ip=10.0.0.5 user=root action="rm -rf *"
[4] 10:11:15 src_ip=10.0.0.5 user=root server="echo lol"
```

すぐに思いつくのは、transaction コマンドで startswith にログイン (login)
アクションを指定する方法です。

```
...| transaction src_ip, user startswith="(action=login)"
maxevents=4
```

ここで問題となるのは、action=login のないトランザクションが返されること
です。なぜでしょうか?startswith オプションは transaction コマンドに、実
際に指定した文字列から始まるトランザクションのみを返すようには指示してい
ません。そうではなく、transaction に startswith ディレクティブに一致する
行が見つかった場合に、それが新たなトランザクションの開始であることを教え
ています。しかし、startswith 条件に関係なく、トランザクションは異なる値の
src_ip でも作成されてしまいます。

この問題を回避するために、上記の transaction サーチの後には、フィルタリ
ングコマンドを追加します。

```
... | search action=login
```

返されるトランザクションは action=login で始まり、src_ip および user に対
するその後 3 件のイベントが含まれます。

---

**注意:**2 件のログインイベント間に 3 件未満のイベントしかない場合、トランザクションに
含まれるイベントは 4 件未満となります。transaction コマンドは各トランザクションに
eventcount (イベント数) フィールドを追加します。これを使って、さらにトランザクション
をフィルタリングすることができます。

---

# グループのグループ化

## 問題

トランザクション内で値が変化する、複数のフィールドを持つトランザクションを
作成する必要があります。

## 解決策

以下の 4 つのイベントを、host および cookie フィールドで統合したトランザクションを作成する場合を考えてみましょう。

```
[1] host=a
[2] host=a cookie=b
[3] host=b
[4] host=b cookie=b
```

このトランザクション中に host 値が変化するため、残念ながら transaction コマンドを使用すると 2 つの一意のトランザクションが作成されてしまいます。

```
… | transaction host, cookie
```

このコマンドがイベント 1 とイベント 2 を見つけると、host=a のトランザクションが作成されます。しかし、イベント 3 の host 値が異なっているため (host=b)、イベント 3 とイベント 4 は host=b を持つ別個のトランザクションとなってしまいます。その結果、これらの 4 つのイベントは共通の cookie 値に基づく 1 つのトランザクションではなく、個別の 2 つのトランザクションに変換されてしまいます。

トランザクション 1:

```
[1] host=a
[2] host=a cookie=b
```

トランザクション 2:

```
[3] host=b
[4] host=b cookie=b
```

transaction コマンドから host フィールドを削除して、cookie 値に基づいてトランザクションを作成すればいいと考えることでしょう。しかしそうすると、イベント 1 とイベント 3 には cookie 値がないため無視されてしまい、イベント 2 とイベント 4 のみのトランザクションが作成されてしまいます。

このような問題を解決するためには、トランザクション上にトランザクションを作成します。

```
… | transaction host, cookie | transaction cookie
```

2 番目の transaction コマンドが、上記の 2 つのトランザクションを共通の cookie フィールドを使って統合します。

計算済みフィールド duration および eventcount は、不正な値になってしまったことに注意してください。2 番目の transaction コマンド実行後、duration は統合したトランザクション間の差になります (トランザクションを構成するイベントではない)。同様に、eventcount は統合したトランザクション数になります (イベント数ではない)。

最初の transaction コマンド後に正しい eventcount を取得するに

は、mycount フィールドを作成してすべての eventcount 値を保管します。2
番目の transaction コマンドによりすべての mycount 値が合計され、real_
eventcount (実際のイベント数) が算出されます。同様に、最初の transaction
コマンド後に各トランザクションの開始時刻と終了時刻を保管しておくことで、2
番目の transaction コマンドにより、最小開始時刻と最大終了時刻から real_
duration (実際の期間) を算出できます。

```
... | transaction host, cookie
| eval mycount=eventcount
| eval mystart=_time
| eval myend=duration + _time
| transaction cookie mvlist="mycount"
| eval first = min(mystart)
| eval last=max(myend)
| eval real_duration=last-first
| eval real_eventcount = sum(mycount)
```

# 8 ルックアップテーブル

ここでは、現実世界の一般的な問題を解決するための、簡単なルックアップテーブルのレシピを説明していきます。Splunk のルックアップ機能では、イベントデータ内のフィールドと一致する、外部 CSV ファイル内のフィールドを参照することができます。この方法により、追加のフィールドを使ってイベントのデータを強化することができます。ただし、外部スクリプトによるルックアップや時間ベースのルックアップについては、ここでは取り上げません。

## はじめに

ここのレシピでは、`lookup`、`inputlookup`、および `outputlookup` の、3 種類のルックアップコマンドを積極的に使用していきます。

## lookup

このコマンドは、各イベントに対して外部 CSV ファイル内の一致する行を検索し、その他の列値を返すことでイベントの情報を強化します。たとえば、host フィールド値を持つイベントに対して、host および machine_type rows を持つルックアップテーブルを利用して、…| `lookup mylookup host` と指定すると、host 値に対応する machine_type 値が、各イベントに追加されます。デフォルトでは、照合時には大文字と小文字が区別されます。また、ワイルドカードは使用できません。ただし、次のようなオプションを設定することができます。lookup コマンドを使用する場合、外部テーブル内の値が明示的に照合されます。Splunk 管理を使って設定する自動ルックアップでは、値が暗黙的に照合されます。自動ルックアップの設定の詳細は、http://splunk.com/goto/book#autolookup を参照してください。

## inputlookup

このコマンドは、サーチ結果としてルックアップテーブル全体を返します。たとえば、… | `inputlookup mylookup` と指定すると、2 つのフィールド値 host と machine_type を持つテーブル mylookup 内の、各行のサーチ結果が返されます。

## outputlookup

ルックアップテーブルの作成方法が分からない方もいるでしょう。このコマンドは、現在のサーチ結果をディスク上のルックアップテーブルに出力します。たとえば、… | `outputlookup mytable.csv` と指定すると、すべての結果が mytable.csv に保存されます。

# その他の参考資料

http://splunk.com/goto/book#lookuptutorial

http://splunk.com/goto/book#externallookups

# レシピ

## デフォルトのルックアップ値の設定

### 問題

ルックアップテーブル内にイベントの値がない場合の、デフォルトのフィールド値を用意する必要があります。

### 解決策

さまざまな方法が考えられます。

明示的な `lookup`、単純に `eval coalesce` 関数を指定することができます。

```
… | lookup mylookup ip | eval domain=coalesce(domain,"unknown")
```

自動ルックアップを使用することもできます。**[管理] >> [ルックアップ] >> [ルックアップ定義] >> [mylookup]** に移動して、**[詳細オプション]** チェックボックスを選択して、以下のように指定します。

**[最低一致数]** の設定：1

**[デフォルト一致]** の設定：不明

変更内容を保存します。

## 逆引きルックアップの使用

### 問題

ルックアップテーブルの出力に基づいて、イベントをサーチする必要があります。

### 解決策

Splunk では逆引きルックアップサーチを実行することができます。つまり、自動ルックアップの出力値をサーチして、それを対応するルックアップの入力フィールドのサーチに変換することができます。

たとえば、以下のような machine_name から owner へのルックアップテーブルマッピングがある場合を考えてみましょう。

```
machine_name, owner
webserver1,erik
dbserver7,stephen
dbserver8,amrit
…
```

イベントに machine_name フィールドがあり、特定の owner である erik に対するサーチを実行する場合、以下のようなコストが高いサーチを利用するかもしれません。

```
… | lookup mylookup machine_name | search owner=erik
```

このサーチでは、すべてのイベントを取得した後、所有者 (owner) が erik ではないイベントをフィルタリングするため、コストが高くなります。

そこで、この方法の代わりに、以下のような効率的だけれども、複雑なサブサーチを利用することも考えられます。

```
… [ inputlookup mylookup | search owner=erik | fields ma-
chine_name]
```

このサーチはルックアップテーブルのすべての行を取得して、owner が erik ではない行をフィルタリングした後、マシン名の巨大な OR 式を外部サーチに返します。

しかし、これらのどちらの方法も利用しない手段があります。自動ルックアップを設定すれば、単純に owner=erik をサーチするように Splunk に指示することができます。

これこそが最高の手段です。Splunk が背後で効率的にサブサーチを使用して、OR 句のサーチを生成してくれます。

---

**注意：**Splunk は、定義済みフィールド抽出、タグ付け、およびイベントタイプ設定用の自動逆引きサーチも実行します。抽出、タグ付け、イベントタイプが設定された値をサーチすることができます。Splunk は適切なイベントを取得します。

---

## バリエーション

自動ルックアップと内蔵の逆引きルックアップを使用することで、Splunk のタグ付けシステムを再作成することができます。たとえば、host から host_tag フィールドへのマッピングを作成します。こうすることによって、host 値だけでなく、host_tag タグに基づいてイベントのサーチを実行できるようになります。Splunk のタグを使用するよりも、ルックアップテーブルを使用する方が簡単なことを、多くのユーザーが実感しています。

---

# 2 層構造ルックアップの使用

## 問題

2 層構造のルックアップを行う必要があります。たとえば、共通の既知のホストを持つテーブル内の IP アドレスをルックアップして、特定のイベントに対してルックアップが失敗した場合には、そして失敗した場合にのみ、二次的に用意されているより高価な完全 DNS ルックアップを実行します。

## 解決策

イベントの取得後に、ローカルルックアップファイル local_dns.csv ファイルに対して、初期ルックアップを行います。

```
...| lookup local_dns ip OUTPUT hostname
```

ルックアップの結果一致項目が見つからなかった場合、そのイベントの hostname フィールドは null になります。

そこで、hostname がないイベントに対して、二次的な高価なルックアップを実行します。OUTPUT の代わりに OUTPUTNEW を使用することで、hostname の値が null 値のイベントに対してのみルックアップが実行されます。

```
...| lookup dnslookup ip OUTPUTNEW hostname
```

すべてをまとめると、以下のようになります。

```
...| lookup local_dns ip OUTPUT hostname
   | lookup dnslookup ip OUTPUTNEW hostname
```

# 複数ステップルックアップの使用

## 問題

あるルックアップファイルの値をルックアップし、その最初のルックアップで返された値を使って、別のルックアップファイルに対する第 2 のルックアップを実行する必要があります。

## 解決策

この場合、一連のルックアップコマンドを手作業で実行することができます。たとえば、最初のルックアップテーブルがフィールド A の値を受け取りフィールド B の値を出力したら、2 番目のルックアップテーブルがフィールド B の値を受け取りフィールド C の値を出力します。

```
… | lookup my_first_lookup A | lookup my_second_lookup B
```

自動ルックアップを利用すれば、自動的にこのような連鎖処理を実行することができます。ただし、プロパティ名の英数字順の優先順位を使用して、ルックアップを正しい順序で実行する必要があります。

**[管理] >> [ルックアップ] >> [自動ルックアップ]** に移動して、2 種類の自動ルックアップを作成します。この時に、後に実行するルックアップの名前値は、前に実行するルックアップの名前値よりも大きくする必要があります。例：

```
0_first_lookup = my_first_lookup A OUTPUT B
1_second_lookup = my_second_lookup B OUTPUT C
```

---

**注意：** このレシピで取り上げているようなルックアップチェーンでは、「逆引きルックアップの使用」で説明している逆引きルックアップは利用できません。現在の所、Splunk は複数ステップの逆引き自動フィールドルックアップには対応していません (例：連鎖出力フィールド値 C=baz のサーチを入力フィールド値 A=foo に変換)。

---

# サーチ結果からのルックアップテーブルの作成

## 問題

サーチ結果からルックアップテーブルを作成する必要があります。

## 解決策

単純には、以下のようなサーチを実行します。

```
<何らかのサーチ> | outputlookup mylookupfile.csv
```

しかし、2 種類の問題が発生する可能性があります。まず、イベントには_raw や_time などの内部フィールドも含めて、ルックアップテーブルには不要な多数のフィールドが含まれています。次に、目的のフィールドの中には、取得イベントの重複値が含まれている可能性があります。最初の問題への対処に、fields コマンドは使用しません。これで内部フィールドを削除するのは、とても不便な作業になります。代わりに table コマンドを利用すれば、効果的にフィールドを制限して目的のフィールドのみを抽出することができます。2 番目の問題に対処するには、dedup コマンドを使用します。すべてをまとめると、以下のようになります。

```
… | table field1, field2
    | dedup field1
    | outputlookup mylookupfile.csv
```

# ルックアップテーブルへの結果の追加

## 問題

結果を既存のルックアップテーブルに追加する必要があります。たとえば、同じサーチを何回も繰り返し実行し、それらの結果を反映していく単一のルックアップテーブルを作成することができます。各ユーザーが最後にログインした IP を追跡する場合を例に考えてみましょう。15 分ごとにジョブを実行して、その結果に基づいて、新しいユーザーをルックアップテーブルに反映します。

---

## 解決策

ルックアップテーブルに追加する一連の結果を取得するための基本的な手順として、ルックアップの現在の内容を追加する場合は inputlookup を、ルックアップに書き込むには outputlookup を使用します。コマンドは以下のようになります。

```
your_search_to_retrieve_values_needed
| fields the_interesting_fields
| inputlookup mylookup append=true
| dedup the_interesting_fields
| outputlookup mylookup
```

まず、新しいデータを取得して、ルックアップテーブルに必要なフィールドのみを保持することを、Splunk に指示します。次に inputlookup と append=true オプションを使って、mylookup, 内の既存の行を追加します。次に、dedup で重複項目を削除します。最後に outputlookup を使ってこれらの結果を、mylookup に出力します。

## バリエーション

最新の 30 日間の値のみをルックアップテーブルに保持する場合を考えてみましょう。毎日のスケジュール済みサーチからルックアップテーブルを更新するように設定することができます。ルックアップテーブルに出力するためのスケジュール済みサーチを設定した後、outputlookup コマンドを実行する前に、30 日よりも古いデータをフィルタリングする条件を追加します。

```
...| where _time >= now() - (60*60*24*30)
```

where 60*60*60*24*30 は、30 日間に相当する秒数です。

前の例と組み合わせると、完成したサーチは以下のようになります。

```
your_search_to_retrieve_values_needed
| fields just_the_interesting_fields
| inputlookup mylookup append=true
| where _time >= now() - (60*60*24*30)
| outputlookup mylookup
```

なお当然のことですが、この場合はルックアップテーブルのフィールドとして、_time も保管する必要があります。

# 巨大なルックアップテーブルの使用

## 問題

巨大なルックアップテーブルを利用するけれども、処理速度を低下させたくありません。

## 解決策

巨大なルックアップテーブルがあり、パフォーマンスに影響する可能性がある場合、さまざまな対処方法が考えられます。

まず、データを限定したより小さなルックアップテーブルを作成できないかどうかを検討します。たとえば、一部の行と列しか使用しないサーチに対しては、それらのサーチ向けに簡略版のルックアップテーブルを作成してください。mylookup テーブルのサイズを減らすサーチの例を以下に示します。このサーチはいくつかの条件を満たす行を減らして、重複項目とすべての列を削除するけれども、必要な入力 (input) および出力 (output) フィールドは残し、最後に結果を mylookup2 テーブルに書き込みます。

```
| inputlookup mylookup
| search somecondition
| dedup someinputfield
| table someinputfield, someoutputfield
| outputlookup mylookup2
```

ルックアップテーブルのサイズを減らせない場合でも、他の解決策が考えられます。Splunk 環境に複数のインデクサーが存在している場合、それらのインデクサーは自動的にルックアップテーブルを複製します。しかし、ルックアップファイルが巨大な場合は (例：100 MB)、この処理自体に非常に時間がかかります。

対処法として、バンドルが頻繁に更新されている場合は、バンドルの複製を無効にして、代わりに NFS を使って各ノードにバンドルを提供することが挙げられます。

詳細は、http://splunk.com/goto/book#mount をご覧ください。

ルックアップテーブルの変更頻度が低く、共有ドライブやマウントされているドライブを利用できない場合は、ローカルルックアップを使用する方法も考えられます。

* この場合、ルックアップの複製と配布を防止するために、distsearch.conf の replicationBlacklist にルックアップテーブルを追加してください。(詳細は、http://splunk.com/goto/book#distributed をご覧ください。)

* ルックアップテーブルの CSV ファイルを、各インデクサーの以下のディレクトリにコピーします。

  `$SPLUNK_HOME/etc/system/lookup`

* サーチ実行時には、lookup コマンドに local=true オプションを追加してください。

---

**注意**：props.conf により暗黙的に実行するように定義されているルックアップ定義は、その性質からローカルには実行できず、インデクサーに分散する必要があります。

---

最後に、巨大な CSV ファイルを利用せずに、外部ルックアップを使用することを検討してください (一般的には、データベースにクエリーを実行するスクリプトを活用)。

---

**注意**:.csv ルックアップテーブルが一定サイズに達すると (デフォルトは 10 MB)、高速な
アクセスを維持するためにそれのインデックスが作成されます。.csv ファイルのインデック
スを作成することにより、テーブルをスキャンするのではなく、Splunk のサーチを利用
してアクセスすることができます。インデックスの作成を開始するファイルサイズを変更
するには、`limits.conf` の lookup スタンザにある、`max_memtable_bytes` の値を編集
してください。

---

# ルックアップ値の結果の比較

## 問題

ルックアップリストにある値を、イベント内の値と比較したいと考えています。た
とえば、IP アドレスが記載されているルックアップテーブルを持っている場合に、
データ内に登場している IP アドレスを確認することができます。

## 解決策

特定のフィールド値を持つイベントが、イベントの小さなサブセットの場合、サブ
サーチを効果的に利用して関連するイベントを探すことができます。サブサーチ
内で `inputlookup` を使用して、ルックアップテーブル内に見つかったすべての値
の、大きな OR サーチを生成してください。サブサーチから返されるリストのサイ
ズは、10,000 件まで可能です (この値は、limits.conf で変更することができます)。

```
yoursearch [ inputlookup mylookup | fields ip ]
```

結果として実行されるサーチは、以下のようになります。

```
yoursearch AND ( ip=1.2.3.4 OR ip=1.2.3.5 OR ...)
```

サブサーチ内のサーチを実行し、`format` コマンドを追加することで、サブサー
チが返す内容をテストすることができます。

```
| inputlookup mylookup | fields ip | format
```

詳細は、http://splunk.com/goto/book#subsearch をご覧ください。

## バリエーション I

同様に、ルックアップテーブルに存在しない値を持つイベントを取得するには、
以下のようなパターンを使用します。

```
yoursearch NOT [ inputlookup mylookup | fields ip ]
```

これにより、以下のようなサーチが実行されます。

```
yoursearch AND NOT ( ip=1.2.3.4 OR ip=1.2.3.5 OR ...)
```

---

## バリエーション II

手持ちのデータに一致しない、ルックアップテーブル内の値が必要な場合は、以下のようなコマンドを実行します。

```
| inputlookup mylookup
| fields ip
| search NOT [ search yoursearch | dedup ip | fields ip ]
```

これは、ルックアップテーブル内のすべての値を取得して、お手持ちのデータと一致する項目をフィルタリングします。

## バリエーション III

巨大なリストに対して、ルックアップテーブルにも同じイベントが存在しているイベントのすべての値を探し出す、巧妙で効率的なサーチパターンがあります。イベントを取得したら、それにルックアップテーブル全体を追加してください。フィールド（例：marker）を設定することで、結果（「行」）がイベントなのか、またはルックアップテーブルの行なのかを追跡することができます。stats を使って、両方のリストに存在している IP アドレス（count>1）のリストを取得できます。

```
yoursearch
| eval marker=data
| append [ inputlookup mylookup | eval marker=lookup ]
| stats dc(marker) as list_count by ip
| where list_count > 1
```

---

**注意：**append コマンドがサブサーチを実行しているように見えますが、実際にはそうではありません。デフォルトで 10000 件の結果という制限があるサブサーチとは違い、append では追加できる結果数に制限はありません。

---

非常に長い期間に対してこのテクニックを使用する必要がある場合は、長期間の状態を維持管理する別のルックアップテーブルを使用すると、さらに効率が向上します。要するに、前回その IP が発見された時間を算出するサーチを、1 日などの短い時間ウィンドウに対して実行するようにスケジュールします。次に、inputlookup、dedup、および outputlookup を組み合わせて、非常に長期間に渡るルックアップテーブルを増分的に更新します。これにより、素早く最新の状態を確認することができます。詳細については、「ルックアップテーブルへの結果の追加」レシピを参照してください。

# ルックアップ照合の制御

## 問題

ルックアップテーブル内の特定の入力フィールドの組み合わせに対して、複数の
エントリが存在しており、照合で最初に一致した値を使用したいと考えています。
たとえば、ルックアップテーブルでホスト名を複数のホストエイリアスにマップし
ている場合に、最初のエイリアスを使用したいと考えています。

## 解決策

Splunk のデフォルトでは、ルックアップに一致する、time エレメントを含まない、
最高 100 件の項目が返されます。これを、1 件の項目のみを返すように変更する
ことができます。

**[管理] >> [ルックアップ] >> [ルックアップ定義]** に移動して、ルックアップ定義を
編集または作成します。**[詳細オプション]** チェックボックスを選択して、**[最大一致
数]** に **1** を指定します。

代わりに適切な `transforms.conf` を編集するとこも可能です。lookups スタン
ザに `max_matches=1` を追加してください。

詳細は、http://splunk.com/goto/book#field_lookupをご覧ください。

## バリエーション

ルックアップテーブルに削除したい重複項目がある場合は、以下のようなサーチ
を使ってそれを消去することができます。

```
| inputlookup mylookup | dedup host | outputlookup mylookup
```

これにより、ファイル内の最初の一意のホストを除く項目が削除されます。

# IP の照合

## 問題

照合する一連のIPアドレス範囲を記載したルックアップテーブルを保有しています。

## 解決策

イベントが IP アドレスを保有しており、IP 範囲と ISP が記載されたテーブルがあ
る場合を例に考えてみましょう。

```
network_range, isp
220.165.96.0/19, isp_name1
220.64.192.0/19, isp_name2
...
```

ルックアップ用にmatch_type を設定することができます。残念ながらこの機能
は UI からは利用できません。ただし、設定ファイル `transforms.conf` 内に設定
することができます。

network_range の match_type に CIDR を設定してください。

transforms.conf で：

```
[mylookup]
match_type = CIDR(network_range)
```

詳細は、http://splunk.com/goto/book#transform をご覧ください。

## バリエーション

match_type に利用できる値は、WILDCARD、CIDR、および EXACT です。EXACT は
デフォルト値なので、指定する必要はありません。

また transforms.conf には、ルックアップで大文字と小文字を区別するか (デ
フォルト)、または区別しないかを指定することもできます。照合で大文字と小文
字を区別しないようにする場合は、以下の項目を指定します。

```
case_sensitive_match = False
```

# ワイルドカードとの照合

## 問題

ルックアップテーブルを、ワイルドカードを使って照合する必要があります。

## 解決策

以下のような照合対象 URL を記載したルックアップテーブルを考えてみましょ
う。

```
url, allowed
*.google.com/*, True
www.blacklist.org*, False
*/img/*jpg, False
```

ルックアップテーブルの値にワイルドカード (*) 文字を入れることで、Splunk に
ワイルドカードを使って照合するように指示することができます。

「IP の照合」レシピで説明したように、transforms.conf 設定ファイル内にルッ
クアップ用の match_type を指定することができます。

```
[mylookup]
match_type = WILDCARD(url)
```

**注意：**ルックアップテーブルの、デフォルトの最大一致件数は 100 です。そのため、複数の行が一致する場合、出力フィールドには複数の値が存在することになります。たとえば、URL「www.google.com/img/pix.jpg」が上記のテーブルの最初の行と 3 番目の行に一致するため、allowed フィールドは True および False の値を持つ複数値フィールドになります。一般的に、このような結果は望ましくありません。**[最大一致数]** に 1 を設定すれば、最初に一致する値が使用されます。また、文字をの優先順位を利用して、テーブルの順序を判断することができます。この設定は、**[管理]** >> **[ルックアップ]** >> **[ルックアップ定義]** >> **[mylookup]** に移動して、**[詳細オプション]** チェックボックスを選択すると表示されます。

## バリエーション

この章の最初のレシピでは、ルックアップの照合に失敗した場合のデフォルト値を設定する対処方法を紹介しました。ワイルドカードによる照合を利用して、この問題に対処することも可能です。ルックアップテーブルの最後の項目の照合値を * にして、ルックアップテーブルへの最低および最大一致数を 1 に設定してください。

# 付録 A：マシンデータの基礎

長い間、**マシンが生成したデータ**はデータセンター内で IT プロフェッショナル達によって利用されてきましたが、他の部門にも役立つ情報のソースとして認知されたのはほんの最近のことです。IT データや運用データと呼ばれることもあるマシンデータは、アプリケーション、サーバー、ネットワーク機器、セキュリティ機器、および業務に利用されているているその他のシステムが生成した、すべてのデータを指しています。マシンデータがカバーする範囲はログファイルよりもはるかに広大で、設定、クリックストリーム、変更イベント、診断情報、API、メッセージキュー、およびカスタムアプリケーションなどからのデータが含まれています。データは厳格に構造化されており、時系列ベースでその量も膨大です。このようなデータは、IT 環境におけるほぼすべてのコンポーネントが生成しており、その形式やソースは非常に多岐に渡っています。多くのカスタムアプリケーションからの、数千件にも上る一意のログフォーマットは、サービス上の問題の診断、セキュリティ上の脅威の検出、コンプライアンスの実証などに欠かすことができません。また、接続されるデバイスの急増により、GPS 機器、RFID タグ、携帯電話、実用機器など、多種多様なマシンが作成する情報の量は、私たちがそれを処理して使用できる能力の限界を超えて急速に増加しています。

IT プロフェッショナル達にとって、マシンデータの価値はさほど目新しいニュースではありません。彼らは何年にも渡ってデータを利用しています。Splunk ユーザーは徐々に、このようなデータがビジネス上の問題を発見する役に立つことも理解してきています。一般的にマシンデータは大きなファイルに保管されており、Splunk が登場するまでは、問題が発生しない限りそのまま放置されていました。また、問題が発生した場合にも、これらのファイルはいちいち手作業で調査されていました。Splunk により、これらのファイルのインデックスが作成され、有益な情報へと生まれ変わったのです。

ビジネスユーザーは、ビジネスプロセスに関与している人々が生成したデータの取り扱いに熟練しています。一般的にこのようなトランザクションデータは、2 種類のいずれかの形式で保管されています。

**リレーショナルデータベース**は、トランザクションデータの保管に広く用いられています。これには、会計レコード、社員レコード、製造、物流情報などのような、構造化された企業データが保管されています。リレーショナルデータベースは、厳格なスキーマまたはデータベースの構造を記述する一連の式を使って構造化されています。これらのスキーマを変更すると機能が損なわれる可能性があり、処

理時間の遅延や変更の危険性につながります。リレーショナルデータベースのサーチを構築するために、熟練した技術者がスキーマを変更しなければならないこともあります。

**多次元データベース**は、大量のレコードの分析を目的に設計されています。OLAP (On-Line Analytical Processing) という用語は、すでに「多次元データベース」とほぼ同義語になっています。OLAP ツールを利用して、多次元データの各次元を分析することができます。多次元データベースは、データマイニングおよび月次レポート作成に適していますが、リアルタイムイベントには適していません。

マシンデータは、トランザクションデータ比べて非常に下位レベルの情報です。トランザクションデータには、オンライン購入に関連するすべての製品、出荷、および支払いデータが保管されている場合があります。このような購入に関するマシンデータには、数千件のレコードやイベントが含まれており、あらゆるユーザーのクリック、読み込まれたページや画像、リクエストされた広告などを追跡した情報が含まれています。マシンデータは得られた結果 (旅の目的地) ではなく、あらゆるトランザクション (旅のあらゆる行程全体) に相当します。

マシンデータには、非常に詳細な情報が含まれているため、幅広い目的に活用することができます。たとえば IT の世界では、マシンデータは問題の発見に活躍していますし、システムが一定範囲のパフォーマンスで動作しているかどうかの確認に利用することも可能です。ビジネスの世界では、顧客の行動を追跡して、特定の顧客セグメントに合わせたマーケティングメッセージを提供するために役立ちます。

マシンデータの性質をより明確に理解するために、この付録ではいくつかの種類のマシンデータについて簡単に説明していきます。

# アプリケーションログ

内製またはパッケージ化されたアプリケーションの大半は、ローカルログファイルにログを書き込みます。しばしば、WebLogic、WebSphere®、JBoss™、.NET™、PHPなどのミドルウェアに組み込まれたログサービスが利用されています。ログファイルは、開発者やアプリケーションサポート担当者にとって、日々のアプリケーションのデバッグに欠かすことができません。またログファイルにはトランザクションのすべての詳細情報が記録されているため、ビジネスの/ユーザー活動のレポートや不正行為の検出にも用いられています。開発者がログイベントに時間情報を記録している場合は、アプリケーションのパフォーマンスを監視/レポートするために利用することもできます。

# Web アクセスログ

Web アクセスログには、Web サーバーが処理した各リクエストに関する情報が記録されています (リクエスト元クライアント IP アドレス、リクエストされた URL、参照元の URL、リクエストの成功/失敗に関するデータなど)。これらのログは、マーケティング関係の Web 分析レポート (毎日の訪問者数、リクエスト数が多いページなど) を生成するためによく用いられます。

また、このログの情報は、ユーザーから報告があった問題の調査開始地点としても利用されています (失敗したリクエストのログからエラーの正確な発生時刻を確認できる)。Web ログはかなり標準化されており、適切に構造化されています。このログを取り扱う際の主な課題は、その量の巨大さにありました。人気のある Web サイトでは、1 日当たり数十億件ものヒット数も珍しくありません。

# Web プロキシログ

従業員、顧客、またはゲストに Web アクセスを提供しているほぼすべての企業、サービスプロバイダ、機関、政府組織が、何らかのプロキシを使ってアクセスの制御と監視を行っています。Web プロキシは、プロキシを介して行われたユーザーによる各 Web リクエストを記録しています。これには、ユーザー名や URL などが含まれていることもあります。これらのログは、サービス利用規約/企業 Web 使用規約違反の監視/調査に必須で、またデータ漏洩の監視/調査にも欠かせないコンポーネントです。

# CDR

CDR、課金データレコード、およびイベントデータレコードは、電話/通信/ネットワークスイッチが記録するイベントに付けられる名称です。CDR には、呼び出し回数、呼び出し受信回数、呼び出し時刻、通話期間、呼び出しの種類などの、スイッチ経由でやり取りされる通話やサービスなどの詳細を示す有益な情報が含まれています。通信サービスがインターネットプロトコルベースのサービスに移行するにつれて、IP アドレスやポート番号などを含むこの種のデータは、IPDR と呼ばれるようにもなりました。これらのファイルの仕様、フォーマット、および構造は非常に多彩で、従来これらのすべてに対応することはとても困難な課題でした。しかし、これらのログファイルに含まれているデータは、課金、収益保証、顧客保証、パートナーの開拓、マーケティングインテリジェンスなどにとても重要です。Splunk はデータのインデックスを素早く作成して、それを他のビジネスデータと組み合わせることで、このような多彩な情報の宝庫から、新たな洞察力を得ることができるのです。

# クリックストリームデータ

Web サイトの Web ページの使用状況は、クリックストリームデータにより収集されています。このデータは、ユーザーが何を行っているのかを考察するために役立ち、またユーザビリティ分析、マーケティング、および一般的な調査に利用することも可能です。このデータのフォーマットに標準的な形式はありません。また、Web サーバー、ルーター、プロキシサーバー、および広告用サーバーなど、複数の場所でアクションを記録することができます。監視ツールは、しばしば特定のソースからのデータの、部分的なビューに注目しています。Web 分析/データウェアハウス製品はデータのサンプリングを行うため、行動に関する完全なビューが失われてしまい、またリアルタイム分析も行えません。

# メッセージキュー

TIBCO®、JMS、および AquaLogic™ などのメッセージキューテクノロジーは、サービスとアプリケーションコンポーネント間で、クエリーに基づいてデータやタスクなどを受け渡しするために利用されています。これらのメッセージキューの引用は、複雑なアプリケーションの問題をデバッグするために役立ちます。前のコンポーネントから受信したチェーンにより、下流にある次のコンポーネントを正確に把握することができます。メッセージキューは独立して、アプリケーションのロギングアーキテクチャのバックボーンとして、急速に普及しています。

# パケットデータ

ネットワークが生成したデータは、tcpdump や tcpflow などのツールを使って処理されます。これらのツールは、pcaps データや他の有益なパケット/セッションレベルの情報を生成します。この情報は、パフォーマンス劣化、タイムアウト、ボトルネック、ネットワークへの不正侵入やオブジェクトへの遠隔攻撃を示す疑わしい活動などに対処するために必要不可欠です。

# 設定ファイル

インフラの設定内容を確認、理解するために、実際のアクティブなシステム設定に代わるものはありません。再発する可能性がある過去の障害のデバッグには、過去の設定ファイルが必要です。設定が変更された場合、何がいつ変更されたのか、許可されている変更かどうか、悪意のあるユーザーがバックドアからのシステムへの不正侵入に成功していないかどうか、時限爆弾攻撃がないかどうか、その他の潜在的な脅威がないかどうかなどを確認することが重要です。

# データベース監査ログおよびテーブル

データベースには、顧客レコード、財務データ、患者レコードなどの、いくつかの最重要企業データが保管されています。誰がいつどのようなデータにアクセス/変更したのかを理解するためには、すべてのデータベースクエリーの監査レコードが必要不可欠です。データベース監査ログは、クエリーを最適化するために、アプリケーションによるデータベースの使用状況を理解するためにも役立ちます。監査レコードをファイルに記録するデータベースもあれば、SQL を使ってアクセスできる監査テーブルの形式でデータを保管しているデータベースもあります。

# ファイルシステム監査ログ

データベースに保管されていない機密データはファイルシステム上に保管されており、しばしば共有されています。ヘルスケアなどの一部の業界では、最大のデータ漏洩リスクは共有ファイルシステム上に保管されている消費者レコードにあります。利用しているオペレーティングシステム、サードパーティ製ツール、およびストレージテクノロジーによって、ファイルシステムレベルの機密データへの読み取りアクセス監査に利用できるオプションは異なります。監査データは、機密情報へのアクセスを監視/調査するための、貴重なデータソースになります。

# 管理/ログ記録 API

ベンダーは重要な管理データやログイベントを、ファイルに記録する代わりに標準/独自の API を使って表示するようになってきています。Checkpoint® ファイアウォールは OPSEC Log Export API (OPSEC LEA) を使ってログを記録しています。VMware® や Citrix® などの仮想化ベンダーは、独自の API を使って設定、ログ、およびシステムステータスを表示しています。

# OS 測定基準、ステータス、および診断コマンド

オペレーティングシステムは、CPU/メモリー使用率やステータス情報などの重要な測定基準を、ps や iostat (UNIX/Linux の場合) または perfmon (Windows の場合) などのコマンドラインユーティリティを使って表示しています。一般的にこの種のデータはサーバー監視ツールを使って利用されますが、情報がトラブルシューティング、傾向の分析による待機時間上の問題の発見、セキュリティインシデント調査に有益な情報をもたらす可能性があっても、滅多に活用されることはありません。

## その他のマシンデータソース

ここで取り上げたソース以外にも、数え切れないほどの有益で重要なマシンデータソースが存在しています (例：ソースコードのリポジトリログや物理セキュリティログなど)。ネットワーク接続やネットワーク攻撃に関するレポートには、ファイアウォール/IDS ログが必要です。UNIX/Linuxの syslog や Windows のイベントログなどの OS のログには、誰がサーバーにログインしたのか、行われた管理作業、サービスの開始/停止時刻、カーネルパニックの発生時刻などの情報が記録されています。DNS、DHCP、およびその他のネットワークサービスのログには、誰にどの IP アドレスが割り当てられ、どのようにドメインが解決されたかなどの情報が記録されています。ルーター、スイッチ、ネットワーク機器の syslog には、ネットワーク接続の状態や重要なネットワークコンポーネントの障害などの情報が記録されています。マシンデータには、単なるログを超えた情報が存在しており、従来のログ管理ソリューションが対応できるログを遙かに凌駕する、多種多様なログやデータが含まれています。

# 付録 B：大文字小文字の区別

Splunk の一部の操作では大文字と小文字が区別されていますが、大文字と小文字が区別されない操作も存在しています。これらの概要を表 B-1 に示します。

表 B-1：大文字小文字区別

| | 区別される | 区別されない | 例 |
|---|---|---|---|
| コマンド名 | | X | TOP、top、sTaTs |
| コマンドのキーワード | | X | stats、rename、…、が使用する AS<br>stats、chart、top、…、が使用する BY<br>replace が使用する WITH |
| サーチ用語 | | X | error、ERROR、Error |
| 統計関数 | | X | stats、chart、…、が使用する avg、AVG、Avg |
| 論理演算子 | X<br>(大文字) | | AND、OR、NOT（論理演算子）<br>vs. and、or、not（リテラルキーワード） |
| フィールド名 | X | | host vs. HOST |
| フィールド値 | | X | host=localhost、host=LOCALhost |
| 正規表現 | X | | \d\d\d vs. \D\D\D |
| replace コマンド | X | | error vs. ERROR |

# 付録 C：頻繁に利用されるコマンド

エンドユーザーおよび Splunk App により頻繁に使用されているサーチコマンドのサンプルを以下に示します。

| エンドユーザーが頻繁に使用しているサーチ | | Splunk App が頻繁に使用しているサーチ | |
|---|---|---|---|
| コマンド | 流行度 | コマンド | 流行度 |
| search | 10964 | search | 1030 |
| eval | 4840 | stats | 232 |
| fields | 2045 | timechart | 215 |
| stats | 1840 | eval | 211 |
| rename | 1416 | fields | 142 |
| timechart | 1185 | top | 116 |
| sort | 1127 | dedup | 100 |
| dedup | 730 | rename | 96 |
| fillnull | 534 | chart | 79 |
| rex | 505 | sort | 76 |
| table | 487 | rex | 42 |
| convert | 467 | head | 29 |
| metadata | 451 | multikv | 26 |
| loadjob | 438 | collect | 25 |
| chart | 437 | sitop | 21 |
| where | 384 | convert | 20 |
| append | 373 | where | 17 |
| join | 314 | fillnull | 17 |
| head | 307 | regex | 17 |
| top | 280 | format | 16 |
| transaction | 260 | lookup | 14 |
| makemv | 209 | outlier | 12 |
| rangemap | 202 | join | 9 |

| appendcols | 201 | replace | 9 |
|------------|-----|-------------|---|
| lookup | 157 | streamstats | 8 |
| replace | 102 | | |

# 付録 D：トップリソース

私たちは、本書だけでは Splunk のすべてを読者の方々に伝えることはできないことを痛感しています。そこで、引き続き学習を継続するために役立つ Web サイトをここに記載しておきます。これらのリンクは、http://splunk.com/goto/book#links にも紹介されています。

| Splunk ダウンロードページ | http://splunk.com/download |
|---|---|
| Splunk Docs | http://docs.splunk.com |
| Splunk コミュニティ | http://splunkbase.com |
| コミュニティのドキュメント | http://innovato.com |
| トレーニングビデオ | http://splunk.com/view/SP-CAAAGB6 |
| Splunk ビデオ | http://splunk.com/videos |
| Splunk ブログ | http://blogs.splunk.com |
| Splunk TV | http://splunk.tv |

# 付録 E：Splunk クイックリファレンスガイド

## 概念

### 概要

**インデックス時処理：**Splunk は、ホスト (例：my machine) 上のファイルやポートなどのソースからデータを読み込んで、そのソースを `sourcetype` (`syslog`、`access_combined`、`apache error` などのソースタイプ) に分類します。次にタイムスタンプを抽出し、ソースを個別のイベント (ログイベントやアラートなど) に分割します。イベントは 1 行または複数行から成り立っており、各イベントはディスク上のインデックスに書き込まれます。このインデックスは、後ほどサーチに利用されます。

**サーチ時処理：**サーチを開始すると、一致するインデックスイベントがディスクから取得され、イベントのテキストからフィールド (`code=404` や `user=david` など) が抽出され、一致する`eventtype` 定義 (`error` や `login` など) によりイベントが分類されます。次にサーチから返されたイベントは、強力なSPL を利用してダッシュボードに表示される強力なレポートに変換できます。

### イベント

イベントは 1 行のデータです。Web アクティビティログ内のイベントの例を以下に示します。

```
173.26.34.223 - - [01/Jul/2009:12:05:27 -0700] "GET /trade/
app?action=logout HTTP/1.1" 200 2953
```

もっと詳しく説明すると、イベントはタイムスタンプに関連付けられた一連の値です。多くのイベントは短いもので、ほんの 1〜2行のデータですが、ドキュメントのテキスト全体、設定ファイル、または Java スタックトレース単体などのように、非常に長いイベントも存在しています。Splunk は改行ルールを使って、これらのイベントをサーチ結果に表示するための、イベントの分割方法を判断しています。

# ソースおよびソースタイプ

ソースはイベントの起源となるファイル、ストリーム、またはその他の入力の名前です (例：`/var/log/messages` または `UDP:514`)。ソースは、ソースタイプ (sourcetype) に分類できます。たとえば、`access_combined` (Web サーバーのログ) などのソースタイプはよく知られています。また、Splunk が見慣れないデータを発見したときに、その場でソースタイプを作成することもできます。同じソースタイプの各イベントが、複数の異なるソースに由来していることもあります。たとえば、`/var/log/messages` ファイルと `udp:514` の syslog 入力の両方のイベントが、ソースタイプ `sourcetype=linux_syslog` に分類されることもあります。

# ホスト：

ホストはイベントの提供元となる、物理/仮想デバイス名です。ホストは、特定のデバイスに由来するすべてのデータを手軽に探す手段を提供しています。

# インデックス

データを Splunk に取り込むと、データは個別のイベントに分割され、タイムスタンプが付けられ、それがインデックスに保管されます。インデックスに保管されたデータは、後ほどサーチ、分析することができます。デフォルトでは、Splunk に取り込んだデータは `main` (メイン) インデックスに保管されます。ただし、他のインデックスを作成して、別のデータ入力に使用するようにそれを設定することもできます。

# フィールド

フィールドは、イベントデータ内のサーチ可能な名前/値のペアです。インデックス時およびサーチ時に Splunk がイベントを処理すると、自動的にフィールドが抽出されます。インデックス時には、`host`、`source`、および `sourcetype` などの、各イベントに対するデフォルトの小さなフィールドセットが抽出されます。サーチ時には、ユーザーが定義したパターン、および `userid=jdoe` などのフィールド名/値のペアなどの、多様なフィールドがイベントデータから抽出されます。

# タグ

タグはフィールド値のエイリアスです。たとえば、2 つのホスト名が同じコンピュータを指している場合、両方のホスト値に同じタグ (例：`hal9000`) を設定できます。`tag=hal9000` でサーチすると、両方のホスト名値に関連するイベントが返されます。

# イベントタイプ

イベントタイプは、イベントタイプのサーチ定義に一致するイベントに付けられる動的なタグです。たとえば、サーチ定義が「error OR warn OR fatal OR fail」の、problem (問題) と言う名前のイベントタイプを設定した場合、サーチ結果に error、warn、fatal、または fail が含まれていると、イベントの event-type フィールド/値のペアは、eventtype=problem になります。login をサーチした場合、問題があるログインには、eventtype=problem が付けられます。イベントタイプは、サーチ時にイベントを分類する、クロスリファレンスサーチです。

# レポートとダッシュボード

書式設定情報を持つサーチ結果 (例：テーブルやグラフ) はレポートと呼ばれています。ダッシュボードと呼ばれるページには、複数のレポートを配置できます。

# App

App は、Splunk 設定、オブジェクト、およびコードの集合体です。App を活用して、Splunk 上にさまざまな環境を構築することができます。メールサーバーのトラブルシューティング用 App を 1 つ、そして Web 解析用の App を 1 つ、などのようにさまざまな目的の App を用意して利用することができます。

# 権限/ユーザー/ロール

保存済みサーチ、イベントタイプ、レポート、およびタグ などの、保存されている Splunk オブジェクトは、データの用途を強化して、サーチやデータの理解を支援します。これらのオブジェクトは権限を保有しており、プライベートに利用することも、ロール (admin、power、user など) を使って他のユーザーと共有することもできます。ロールは、一連の実行可能な作業を定義しています (たとえば、あるロールにデータの追加やレポートの編集が許可されているかどうかなど)。Splunk Free ライセンスは、ユーザー認証をサポートしていません。

# トランザクション

トランザクションは、分析を簡単に行うために、一連のイベントをグループ化したものです。たとえば、顧客のオンラインショッピングにより、同じセッション ID を持つ複数の Web アクセスイベントが生成された場合、それらのイベントを 1 つのトランザクションにグループ化した方が便利なことがあります。イベントを 1 つにまとめたトランザクションを利用することで、ユーザーが買い物に費やした時間、購入した商品数、商品購入後にそれを返品した顧客、などのような統計情報を手軽に生成することができます。

# フォワーダー/インデクサー

フォワーダーは Splunk のモジュールの 1 つで、データを単一の集中 Splunk インデクサーまたは複数のインデクサーに送信することができます。インデクサーは、ローカル/リモートデータのインデックス作成機能を提供しています。

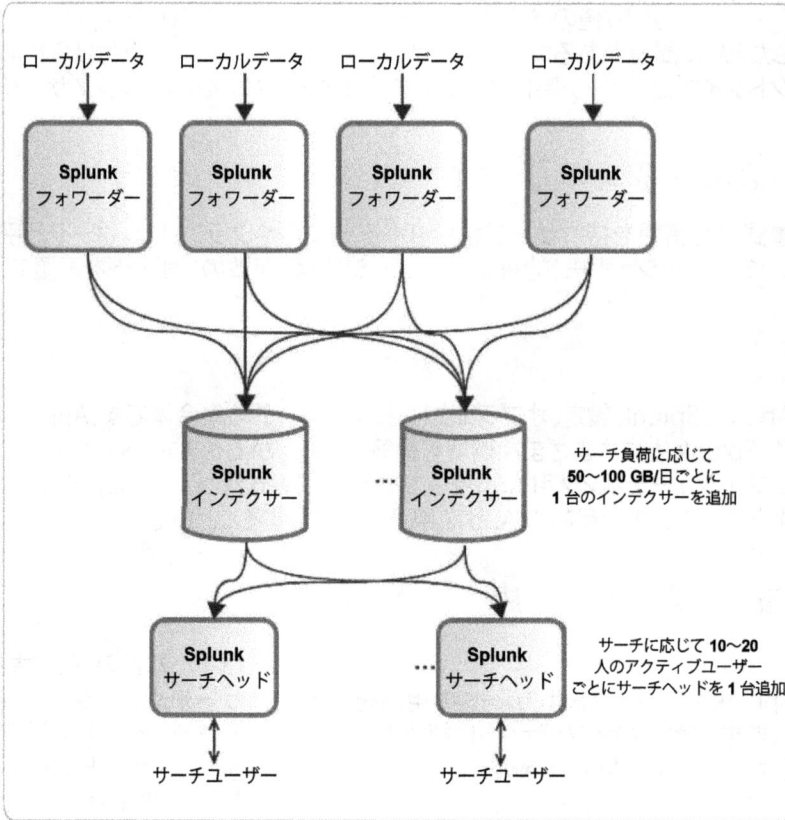

# SPL

サーチは一連のコマンドや引数をパイプ文字 (|) で結合したものです。パイプ文字は、あるコマンドの出力を次のコマンドに渡すことを意味しています。

```
search-args | cmd1 cmd-args | cmd2 cmd-args | ...
```

サーチコマンドは、インデックスデータの取得、不要な情報のフィルタリング、各種情報の抽出、値の計算、データの変換、結果の統計分析などに用いられます。インデックスから取得されたサーチ結果は、動的に作成されたテーブルと考えることができます。各サーチコマンドは、テーブルの形状を再定義します。各インデックスイベントは行で、各フィールド値が列になります。列にはデータに関する基本的な情報が含まれており、サーチ時に動的に抽出されます。

各サーチの先頭には暗黙の search コマンド (インデックスをサーチしてイベントを探す) が存在しています。これにより、キーワード (例：error)、論理演算子 (例：(error OR failure) NOT success)、フレーズ (例："database error")、ワイルドカード (例：fail* は fail、fails、failure などに一致)、フィールド値 (例：code=404)、不等式 (例：code!=404 または code>200)、または任意の値を持つフィールドまたは値のないフィールド (例：code=* または NOT code=*) を使ってサーチすることができます。たとえば、以下のサーチは：

```
sourcetype="access_combined" error | top 10 uri
```

ディスクから、用語 error (各サーチ用語の間には暗黙の AND がある) を含む access_combined イベントを取得して、それらのイベントの中で頻繁に登場する上位 10 件の URI 値を表示します。

## サブサーチ

サブサーチは、独自のサーチを実行するコマンドの引数となるサーチで、サーチ結果を親コマンドの引数値として返します。サブサーチは、角括弧で囲みます。たとえば、以下のコマンドは最後にログインエラーとなったユーザーの syslog イベントを探します。

```
sourcetype=syslog [search login error | return user]
```

このサブサーチは、1 つのユーザー値を返すことに注意してください。デフォルトでは、return コマンドは 1 つの値を返します。ただし、複数の値を返すオプションも用意されています (例： | return 5 user)。

## 相対時間修飾子

ユーザーインターフェイスでカスタム時間範囲を使用するだけでなく、latest および earliest 修飾子を使って、イベントを取得する時間範囲を指定することができます。時間の量を示す文字列を使って相対時間を指定することができます (整数と単位)。また、必要に応じて時間単位にスナップすることもできます。

```
[+|-]<time_integer><time_unit>@<snap_time_unit>
```

たとえば、error earliest=-1d@d latest=-1h@h は、昨日 (午前 0 時にスナップ) から 1 時間前 (時間にスナップ) までの、error を含むイベントを取得します。

**時間単位：**秒 (s)、分 (m)、時間 (h)、日 (d)、週 (w)、月 (mon)、四半期 (q)、または年 (y)。前に付けられる数字のデフォルトは 1 になります m は 1m と同義)。

**スナップ：**最寄りの時間または最後の時間に時間を切り捨てること。最後 (最新) の時間への切り捨てとは、指定時刻以前の最新の時間を意味しています。たとえば、時刻が 11:59:00 の時に、時間にスナップ (@h) すると、12時ではなく11時にスナップされます。曜日にスナップすることもできます。日曜の場合は @w0、月曜の場合は @w1 のように指定することができます。

# 一般的なサーチコマンド

| コマンド | |
|---|---|
| chart/timechart | (時系列) グラフを作成するために、結果を表形式で出力します。 |
| dedup | 後続の一致する結果を削除します。 |
| eval | 式を計算します。(eval 関数の表をご覧ください。) |
| fields | サーチ結果からフィールドを削除します。 |
| head/tail | 最初/最後の N 件の結果を返します。 |
| lookup | 外部ソースからフィールド値を追加します。 |
| rename | 指定フィールドの名前を変更します。ワイルドカードを使って複数のフィールドを指定できます。 |
| replace | 指定フィールドの値を、指定値に置換します。 |
| rex | フィールド抽出に使用する正規表現を指定します。 |
| search | サーチ式に一致する項目に結果を制限 (フィルタリング) します。 |
| sort | サーチ結果を指定フィールドで並べ替えます。 |
| stats | 統計情報を提供します。必要に応じてフィールド別にグループ化します。 |
| top/rare | フィールドで登場回数が一番多い/少ない値を表示します。 |
| transaction | サーチ結果をトランザクションにグループ化します。 |

## サーチの最適化

サーチの高速化の鍵となるのが、ディスクから読み込むデータを最低限に抑えて、さらにサーチ内のできる限り早期の時点でデータをフィルタリングすることです。そうすることによって、処理するデータの量を最低限に抑えられます。

複数タイプのデータにまたがるサーチをほとんど実行しないような場合は、データを個別のインデックスにパーティション化することも検討してください。たとえば、あるインデックスには Web データを、別のインデックスにはファイアウォールデータを保管します。

その他のヒント:

- サーチはできるだけ特定の項目に絞り込んで指定してください (*error* ではなく fatal_error).

- 時間範囲を制限してください (例:-1w ではなく -1d).

- 不要なフィールドは、できる限り早期にフィルタリングしてください。

- 結果は計算を実行する前に、できる限り早期にフィルタリングしてください。

- レポート生成サーチの場合、タイムラインを計算する [**タイムライン**] ビューではなく [**詳細グラフ**] ビューを使用してください。

- 不要な場合は、[**フィールド検出**] スイッチをオフにしてください。

- 頻繁に使用する値は、サマリーインデックスを使って事前に計算しておいてください。

- できる限り I/O が高速なディスクを使用してください。

# サーチの例

| 結果のフィルタリング | |
|---|---|
| raw テキストに `fail`、および `status=0` を含む結果のみにフィルタリングします。 | `… | search fail status=0` |
| 同じホスト (host) 値を持つ重複する結果を削除します。 | `… | dedup host` |
| `__raw` フィールドに、ルーティング不可能クラス A (10.0.0.0/8) IP アドレスが含まれているサーチ結果のみを保持します。 | `… | regex _raw="(?<!\d)10.\ d{1,3}\.\d{1,3}\.\d{1,3} (?!\d)"` |
| **結果のグループ化** | |
| 結果をクラスタ化し、「`cluster_count`」の値で並べ替えてから、上位 20 件の大きなクラスタ (データサイズで) を返します。 | `… | cluster t=0.9 showcount=true | sort limit=20 -cluster_count` |
| それぞれ30 秒の期間内に発生し、各イベント間に 5 秒を超える中断がない、同じホスト (host) と cookie を持つ結果をトランザクションにグループ化します。 | `… | transaction host cookie maxspan=30s maxpause=5s` |
| 同じ IP アドレス (`clientip`) を持ち、最初の結果に「signon」、最後の結果に「purchase」が含まれている結果をグループ化します。 | `… | transaction clientip startswith="signon" endswith="purchase"` |

| 結果の並べ替え | |
|---|---|
| 最初の 20 件の結果を返します。 | `… \| head 20` |
| 結果セットの順序を逆にします。 | `… \| reverse` |
| 結果を ip 値の昇順、次に url 値の降順に並べ替えます。 | `… \| sort ip, -url` |
| 最後の 20 件の結果を返します (逆順で)。 | `… \| tail 20` |
| レポート | |
| 例外的 (異常) な値を持つイベントを返します。 | `… \| anomalousvalue action=filter pthresh=0.02` |
| サイズ (size) による最大遅延 (delay) を返します。ここで「size」は、最大 10 個の同じサイズのバケツに分類されます。 | `… \| chart max(delay) by size bins=10` |
| bar の値による foo 分割の各値の max(delay) を返します。 | `… \| chart max(delay) over foo by bar` |
| foo の各値の max(delay) を返します。 | `… \| chart max(delay) over foo` |
| 範囲外の数値をすべて削除します。 | `… \| outlier` |
| 同じ host 値を持つ結果の重複項目を削除して、残り結果の合計カウントを返します。 | `… \| stats dc(host)` |
| 文字列「lay」で終わる (例：delay、xdelay、relay など) 任意の一意のフィールドに対して、各時間の平均を返します。 | `… \| stats avg(*lay) by date_hour` |
| 各ホスト (host) に対して、CPU の毎分の平均値を算出します。 | `… \| timechart span=1m avg(CPU) by host` |
| ホスト (host) 別 web ソースからのカウントのタイムチャートを作成します。 | `… \| timechart count by host` |
| url フィールドに頻繁に登場する値の上位 20 件を返します。 | `… \| top limit=20 url` |
| url フィールドへの登場頻度がもっとも少ない値を表示します。 | `… \| rare url` |

| フィールドの追加 | |
|---|---|
| 速度 (velocity) に距離/時間を設定します。 | `… \| eval velocity=distance/time` |
| 正規表現を使って from および to フィールドを抽出します。raw イベントに `From: Susan To: David` が含まれている場合、from=Susan および to=David になります。 | `… \| rex field=_raw "From:(?<from>.*)To:(?<to>.*)"` |
| `total_count` フィールド内の count の、現在までの合計を保存します。 | `… \| accum count as total_count` |
| count が存在する各イベントに対して、count とその前の値の差異を算出して、結果を countdiff に保存します。 | `… \| delta count as countdiff` |

| フィールドのフィルタリング | |
|---|---|
| host および ip フィールドを保持し、それを host、ip の順序で表示します。 | `… \| fields + host, ip` |
| host および ip フィールドを削除します。 | `… \| fields - host, ip` |

| フィールドの変更 | |
|---|---|
| host および ip フィールドを保持し、それを host、ip の順序で表示します。 | `… \| fields + host, ip` |
| host および ip フィールドを削除します。 | `… \| fields - host, ip` |

| 複数値フィールド | |
|---|---|
| recipients フィールドの複数の値を、1 つのフィールドにまとめます。 | `… \| nomv recipients` |
| recipients フィールドの値を複数のフィールド値に分離し、登場回数が上位の受信者を表示します。 | `… \| makemv delim="," recipients \| top recipients` |
| 複数値フィールド recipients の各値に対応する、新しい結果を作成します。 | `… \| mvexpand recipients` |
| RecordNumber 以外は同一の結果を結合して、異なるすべての値を持つ複数値フィールドに RecordNumber を設定します。 | `… \| fields EventCode, Category, RecordNumber`<br>`\| mvcombine delim="," Record-Number` |
| recipient 値の数を算出します。 | `… \| eval to_count = mvcount(recipients)` |

| | |
|---|---|
| recipient フィールドの最初のメールアドレスを探します。 | … \| eval recipient_first = mvindex(recipient,0) |
| .net または .org で終わるすべての recipient 値を探します。 | … \| eval netorg_recipients = mvfilter(match(recipient, "\.net$") OR match(recipient, "\.org$")) |
| foo、"bar" の値と、baz の値の組み合わせを探します。 | … \| eval newval = mvappend(foo, "bar", baz) |
| "\.org$" に一致する最初の受信者値のインデックスを探します。 | … \| eval orgindex = mvfind(recipient, "\.org$") |
| **ルックアップテーブル** | |
| ルックアップテーブル usertogroup 内の、各イベントの user フィールドの値をルックアップして、イベントの group フィールドを設定します。 | … \| lookup usertogroup user output group |
| サーチ結果を、ルックアップテーブルファイル users.csv に書き込みます。 | … \| outputlookup users.csv |
| ルックアップファイル users.csv をサーチ結果として読み込みます。 | … \| inputlookup users.csv |

# eval 関数

eval コマンドは式を計算して、結果値をフィールドに保管します(例：“…| eval force = mass * acceleration”)。eval 関数の説明、および基本的な数値演算子 (+ - * / %)、文字列連結 (例：'…| eval name = last . "," . last')、および論理演算子 (AND OR NOT XOR < > <= >= != = == LIKE) の使用例を以下の表に示します。

eval 関数の表

| 機能 | 説明 | 例 |
|---|---|---|
| abs(X) | X の値の絶対値を返します。 | abs(number) |
| case(X,"Y",…) | 引数 X および Y のペアを取ります。X 引数は論理式で、評価が真 (True) の場合対応する Y 引数を返します。 | case(error == 404, "Not found", error == 500,"Internal Server Error", error == 200, "OK") |
| ceil(X) | 数値 X の上限。 | ceil(1.9) |
| cidrmatch("X",Y) | サブネットに所属する IP アドレスを識別します。 | cidrmatch ("123.132.32.0/ 25",ip) |

| coalesce(X,…) | null ではない最初の値を返します。 | coalesce(null(), "Returned val", null()) |
|---|---|---|
| exact(X) | 倍精度浮動小数演算で式 X を評価します。 | exact(3.14*num) |
| exp(X) | eX を介します。 | exp(3) |
| floor(X) | 数値 X の下限を返します。 | floor(1.9) |
| if(X,Y,Z) | X の評価結果が真 (True) の場合、結果は 2 番目の引数 Y になります。X の評価結果が偽 (False) の場合、結果は 3 番目の引数 Z になります。 | if(error==200, "OK", "Error") |
| isbool(X) | X が論理値の場合、真 (True) を返します。 | isbool(field) |
| isint(X) | X が整数の場合、真 (True) を返します。 | isint(field) |
| isnotnull(X) | X が null ではない場合、真 (True) を返します。 | isnotnull(field) |
| isnull(X) | X が null の場合、真 (True) を返します。 | isnull(field) |
| isnum(X) | X が数値の場合、真 (True) を返します。 | isnum(field) |
| isstr() | X が文字列の場合、真 (True) を返します。 | isstr(field) |
| len(X) | 文字列 X の長さを返します。 | len(field) |
| like(X,"Y") | X が Y の SQLite パターンに類似の場合にのみ、真 (True) を返します。 | like(field, "foo%") |
| ln(X) | X の自然対数を返します。 | ln(bytes) |
| log(X,Y) | 2 番目の引数 Y を底として、最初の引数 X の対数を返します。Y のデフォルトは 10 です。 | log(number,2) |
| lower(X) | X の小文字を返します。 | lower(username) |

| ltrim(X,Y) | X を、Y に指定された文字で左側をトリミングして返します。Y のデフォルトはスペースおよびタブになります。 | ltrim(" ZZZabcZZ ", " Z") |
|---|---|---|
| match(X,Y) | X が正規表現パターン Y に一致する場合、真 (True) を返します。 | match(field, "^\d{1,3}\.\d$") |
| max(X,…) | 2 つの値の中で大きい方の値を返します。 | max(delay, mydelay) |
| md5(X) | 文字列値 X の MD5 ハッシュを返します。 | md5(field) |
| min(X,…) | 最小値を返します。 | min(delay, mydelay) |
| mvcount(X) | X の値数を返します。 | mvcount(multifield) |
| mvfilter(X) | 論理式 X に基づいて、複数値フィールドをフィルタリングします。 | mvfilter(match(email, "net$")) |
| mvindex(X,Y,Z) | 複数値フィールド X の、開始位置 (0 ベース) Y から Z (省略可) までのサブセットを返します。 | mvindex( multifield, 2) |
| mvjoin(X,Y) | 複数値フィールド X と文字列区切り記号 Y に基づいて、Y を使って X の個別の値を区切ります。 | mvjoin(foo, ";") |
| now() | 現在の時刻 (UNIX 時刻表記) を返します。 | now() |
| null() | 何も引数を取らず、null を返します。 | null() |
| nullif(X,Y) | 2 つの引数、フィールド X と Y から、引数が異なる場合は X を、それ以外の場合は null を返します。 | nullif(fieldA, fieldB) |
| pi() | 定数 $\pi$ を返します。 | pi() |
| pow(X,Y) | X の Y 乗を返します。 | pow(2,10) |
| random() | 0〜2147483647 の範囲の疑似乱数を返します。 | random() |

| relative_time(X,Y) | エポック時 X および相対時刻指示子 Y から、Y の値を X に適用したエポック時の値を返します。 | relative_time(now(),"-1d@d") |
|---|---|---|
| replace(X,Y,Z) | 文字列 X 内の正規表現 Y に一致する各文字列を、代入文字列 Z に応じて変換した文字列を返します。 | 月と日を入れ替えた形式で日付を返します、入力が 1/12/2009 の場合、返される値は 12/1/2009 になります：replace(date, "^(\d{1,2})/(\d{1,2})/", "\2/\1/") |
| round(X,Y) | X を Y が示す小数位でまるめた値を返します。 | round(3.5) |
| rtrim(X,Y) | X を、Y に指定された文字で右側をトリミングして返します。Y が指定されていない場合、スペースおよびタブがトリミングされます。 | rtrim(" ZZZZabcZZ ", " Z") |
| searchmatch(X) | イベントがサーチ文字列 X に一致する場合、真(True) を返します。 | searchmatch("foo AND bar") |
| split(X,"Y") | X を、区切り文字 Y を使った複数値フィールドとして返します。 | split(foo, ";") |
| sqrt(X) | X の平方根を返します。 | sqrt(9) |
| strftime(X,Y) | Y に指定した書式を使ってフォーマットしたエポック時値 X を返します。 | strftime(_time, "%H:%M") |
| strptime(X,Y) | 文字列 X で表される時間を、フォーマット Y で解析した値を返します。 | strptime(timeStr, "%H:%M") |
| substr(X,Y,Z) | フィールド X の、開始位置 (1 ベース) Y から Z 文字 (省略可) のサブ文字列を返します。 | substr("string", 1, 3) +substr("string", -3) |
| time() | 実時間をマイクロ秒の単位まで返します。 | time() |

| tonumber(X,Y) | 入力文字列 X を数値に変換します。Y (省略可、デフォルトは 10) は、変換する数値の基数を示します。 | tonumber("0A4",16) |
|---|---|---|
| tostring(X,Y) | X のフィールド値を文字列として返します。X が数値の場合、それを文字列として再フォーマットします。論理値の場合は、「True」(真) または「False」(偽) になります。X が数値の場合、2 番目の引数 (省略可) は、「hex」(X を 16 進形式に変換)、「commas」(X をカンマおよび小数点第 2 位でフォーマット)、または「duration」(秒 X を分かりやすい時間形式 HH:MM:SS に変換) になります。 | 次の例は「foo=615」および「foo2=00:10:15」を返します:<br>… \| eval foo=615 \|eval foo2=tostring(foo," duration") |
| trim(X,Y) | X を、Y に指定された文字数で、両側からトリミングして返します。Y が指定されていない場合、スペースおよびタブがトリミングされます。 | trim(" ZZZZabcZZ "," Z") |
| typeof(X) | そのタイプを文字列表記で返します。 | 次の例は、「Number-StringBoolInval-id」を返します:<br>typeof(12)+ typeof("string")+ typeof(1==2)+ typeof(badfield) |
| upper(X) | X の大文字を返します。 | upper(username) |
| urldecode(X) | URL X を復号化して返します。 | urldecode("http%3A% 2F%2Fwww.splunk. com%2Fdownload%3Fr% 3Dheader") |

| validate(X,Y,…) | 論理式 X と文字列 Y の引数のペアから、最初に評価が偽 (False) となった式 X に対応する文字列 Y を返します。すべて真 (True) と評価された場合は、デフォルトの null が返されます。 | validate(isint(port), "ERROR:Port is not an integer", port >= 1 AND port <= 65535, "ERROR:Port is out of range") |
|---|---|---|

## 一般的な stats 関数

chart、stats、および timechart コマンドで、一般的に使用されている統計関数です。フィールド名にはワイルドカードを使用できます。たとえば avg(*delay) と指定して、delay および xdelay フィールドの平均を算出することができます。

| 機能 | 説明 |
|---|---|
| avg(X) | フィールド X の値の平均を返します。 |
| count(X) | フィールド X の登場回数を返します。一致するフィールド値を指定するには、X を eval(field="value") のように指定します。 |
| dc(X) | フィールド X の一意の値数を返します。 |
| first(X) | フィールド X で最初に見つかった値を返します。一般的に、フィールドで最初に見つかった値は、時系列的に最新のフィールドインスタンスになります。 |
| last(X) | フィールド X の最後に見つかった値を返します。 |
| list(X) | フィールド X のすべての値のリストを、複数値エントリとして返します。値の順序は、入力イベントの順序を反映しています。 |
| max(X) | フィールド X の最大値を返します。X の値が数値ではない場合、辞書的に最大値が判断されます。 |
| median(X) | フィールド X の中央値を返します。 |
| min(X) | フィールド X の最小値を返します。X の値が数値ではない場合、辞書的に最小値が判断されます。 |
| mode(X) | フィールド X の最頻値を返します。 |
| perc<X>(Y) | フィールド Y の X 番目のパーセンタイル値を返します。たとえば、perc5(total) と指定すると、total フィールドの 5 番目のパーセンタイル値が返されます。 |

| range(X) | フィールド X の最大値と最小値の差を返します。 |
|---|---|
| stdev(X) | フィールド X の標本標準偏差を返します。 |
| stdevp(X) | フィールド X の母標準偏差を返します。 |
| sum(X) | フィールド X の値の合計を返します。 |
| sumsq(X) | フィールド X の値の二乗の合計を返します。 |
| values(X) | フィールド X のすべての一意の値のリストを、複数値エントリとして返します。値の順序は辞書式順序になります。 |
| var(X) | フィールド X の標本分散を返します。 |

# 正規表現

regex および rex、eval 関数 match()、replace()、およびフィールド抽出などを含め、正規表現はさまざまな分野で活躍しています。

| 正規表現 | 注意 | 例 | 説明 |
|---|---|---|---|
| \s | 空白文字 | \d\s\d | 数字 スペース 数字 |
| \S | 空白文字ではない | \d\S\d | 数字 非空白文字 数字 |
| \d | 数字 | \d\d\d-\d\d-\d\d\d\d | SSN |
| \D | 非数字 | \D\D\D | 3 つの非数字 |
| \w | 単語文字 (文字、数字、または _) | \w\w\w | 3 つの単語文字 |
| \W | 非単語文字 | \W\W\W | 3 つの非単語文字 |
| [...] | 囲まれている任意の文字 | [a-z0-9#] | a〜z、0〜9、または # の任意の文字 |
| [^...] | 囲まれている文字以外の文字 | [^xyx] | x、y、z 以外の任意の文字 |
| * | 0 以上 | \w* | 0 文字以上の単語文字 |
| + | 1 以上 | \d+ | 整数 |
| ? | 0 個または 1 個 | \d\d\d-?\d\d-?\d\d\d\d | SSN、ダッシュはオプション |
| \| | または | \w\|\d | 単語文字または数字 |
| (?P<var>...) | 表現抽出 | (?P<ssn>\d\d\d-\d\d\-\d\d\d\d) | SSN を抽出して ssn フィールドに割り当て |

| (?:...) | 論理グループ化 | (?:\w\|\d)\|(?:\d\|\w) | 単語文字の次に数字または (OR) 数字の次に単語文字 |
|---|---|---|---|
| ^ | 行の開始 | ^\d+ | 最低 1 つの数字で始まる行 |
| $ | 行の終了 | \d+$ | 最低 1 つの数字で終了する行 |
| {...} | 繰り返し回数 | \d{3,5} | 3～5 桁の数字 |
| \ | エスケープ | \[ | [ 文字をエスケープ処理 |
| (?= ...) | 先行 | (?=\D)error | error の前に非数字がなければならない |
| (?!...) | 否定先行 | (?!\d)error | error の前に数字は付けられない |

# 一般的な Splunk STRPTIME 関数

strptime フォーマットは、eval 関数 strftime()、strptime() 、およびイベントデータにタイムスタンプを付ける場合に役立ちます。

| 時間 | %H | 24 時間 (先行の 0 を付ける) (00～23) |
|---|---|---|
| | %I | 12 時間 (先行の 0 を付ける) (01～12) |
| | %M | 分 (00～59) |
| | %S | 秒 (00～61) |
| | %N | 1 秒未満を幅で指定 (%3N = ミリ秒、%6N = マイクロ秒、%9N = ナノ秒) |
| | %p | AM または PM |
| | %Z | タイムゾーン （GMT） |
| | %s | 1970 年 1 月 1 日からの秒数 (1308677092) |

| 日 | %d | 月の日にち (先行の 0 を付ける) (01〜31) |
|---|---|---|
| | %j | 年の何日目 (001〜366) |
| | %w | 曜日 (0〜6) |
| | %a | 曜日の省略形 (Sun) |
| | %A | 曜日 (Sunday) |
| | %b | 月名の省略形 (Jan) |
| | %B | 月名 (January) |
| | %m | 月番号 (01〜12) |
| | %y | 年の下 2 桁 (00〜99) |
| | %Y | 年 (2008) |
| | %Y-%m-%d | 1998-12-31 |
| | %y-%m-%d | 98-12-31 |
| | %b %d, %Y | Jan 24, 2003 |
| | %B %d, %Y | January 24, 2003 |
| | q\|%d %b '%y = %Y-%m-%d | q\|25 Feb '03 = 2003-02-25\| |